Thomas Junker

Die 101 wichtigsten Fragen
Evolution

Verlag C.H.Beck

Mit 9 Abbildungen im Text

Originalausgabe

© Verlag C.H.Beck oHG, München 2011
Satz: Fotosatz Amann, Aichstetten
Druck und Bindung: Druckerei C.H.Beck, Nördlingen
Umschlaggestaltung: malsyteufel, willich
Umschlagabbildung: Rupak De Chowdhuri/Reuters
ISBN 978 3 406 62202 1
Printed in Germany

www.beck.de

Inhalt

Streitfall Evolution

Die Evolutionstheorie ist ein Grundpfeiler der modernen Sicht der Welt. Sie spielt nicht nur in der Biologie eine zentrale Rolle, sondern in allen Wissenschaften, in denen es um Lebewesen geht, in der Medizin und Psychologie, in der Soziologie und Ökonomie ebenso wie in den Geisteswissenschaften. Wenn es in dieser Hinsicht zu Kontroversen kommt, dann geht es längst nicht mehr darum zu klären, ob es die Evolution der Organismen gibt, sondern nur noch, wie, wann und warum sich frühere Arten im Einzelnen zu den jetzt lebenden weiterentwickelten oder warum sie ausstarben.

Auf der anderen Seite gibt es eine öffentliche Diskussion, in der Kritik und Zweifel breiten Raum einnehmen. Auch wenn in Europa die Realität der Evolution kaum bestritten wird, so glaubt man doch gute Argumente zu haben, um die von der Evolutionsbiologie postulierten Mechanismen – Variation und Selektion – in Frage stellen zu können. Besonders kritisch werden evolutionsbiologische Erklärungen für menschliches Verhalten kommentiert. Es ist immer wieder erstaunlich zu beobachten, wie viele Menschen auf einen Abschied vom Darwinismus hoffen, obwohl die wissenschaftliche Entwicklung das genaue Gegenteil zeigt.

Die Diskrepanz zwischen wissenschaftlicher und öffentlicher Wahrnehmung gibt es seit mehr als 150 Jahren, seit Charles Darwin die meisten Biologen seiner Zeit davon überzeugen konnte, dass sich viele rätselhafte Phänomene des Lebens *mit* der Evolutionstheorie sehr gut, *ohne* diese jedoch nicht erklären lassen. Was sich änderte, war die äußere Form der antievolutionären Argumentation. Zu bestimmten Zeiten dominierten religiöse Widerstände, zu anderen politische Einwände, zu wieder anderen moralische Bedenken. Nicht selten werden in diesem Zusammenhang noch heute gravierende Missverständnisse offenbar, die zeigen, dass bei den Kritikern der Evolutionstheorie und ihren Adressaten, der breiten Öffentlichkeit, beträchtliche Wissenslücken bestehen. Und dies, obwohl es eine Reihe ausgezeichneter Bücher gibt, die in allgemein verständlicher Weise über die faszinierenden Beobachtungen und Theorien der Evolutionsbiologie berichten.

Diese Unkenntnis ist auch insofern problematisch, als evolutionstheoretische Argumente in den weltanschaulichen und politischen Diskussionen über Intelligenz und Migration, über Aggression,

Moral und Willensfreiheit, über Gentechnik und Ökologie, über Religion und Wissenschaft eine zentrale Rolle spielen. Fachfremde Autoren und Kommentatoren – Geistes- und Sozialwissenschaftler, Ökonomen, Journalisten, Politiker –, vor allem aber ihre Leser und ihr Publikum sollten deshalb in der Lage sein, fundierte Aussagen von fehlerhaften Schlussfolgerungen und Zerrbildern zu unterscheiden. Und so ist es ein Anliegen dieses Buches, solides Grundlagenwissen über die Evolution zu vermitteln.

Die Erfahrungen der letzten Jahre haben deutlich gemacht, dass sachliche Informationen unerlässlich sind, dass sie aber nicht ausreichen, sondern durch die Auseinandersetzung mit den kritischen Stimmen ergänzt werden müssen. Davor nun scheuen viele Wissenschaftler zurück, da es hier nicht nur um das sorgfältige Abwägen von Sachfragen geht, sondern ebenso sehr um Rhetorik, überzeugendes Auftreten und darum, gezielte Desinformationen als solche zu benennen und richtigzustellen. Wie beispielsweise sollen Forscher auf einen hochrangigen Kirchenvertreter reagieren, der die Grundlagen der modernen Evolutionstheorie in Bausch und Bogen als «Ideologie» und «unwissenschaftlich» abqualifiziert, wie unlängst geschehen? Die meisten Wissenschaftler werden sich kurz fragen, welche fachliche Qualifikation ihn zu dieser Aussage berechtigt, und dann zur Tagesordnung übergehen. Und natürlich haben sie damit völlig recht. Sie übersehen aber, dass viele Menschen eben nicht einschätzen können, wie solche Aussagen zu bewerten sind. Aus diesem Grunde sollen die *101 wichtigsten Fragen: Evolution* auch die öffentlich diskutierten Widerstände, Kritikpunkte und Missverständnisse schildern, mit denen sich die Evolutionsbiologie konfrontiert sieht. Gerade weil einige der in diesem Zusammenhang aufgeworfenen Fragen irreführend formuliert sind, müssen sie angesprochen, klargestellt und beantwortet werden.

Das Wort «Evolution» wird nicht nur in den Biowissenschaften verwendet. Man spricht auch von der Evolution des Universums, der Milchstraße, der Sprachen, Kulturen, politischen Systeme und Wissenschaften. Die Parallelen zur biologischen Evolution und zu ihren Mechanismen sind manchmal erhellend und aufschlussreich, in anderen Fällen gibt es kaum mehr als die minimale Gemeinsamkeit, dass sich etwas verändert. In erster Linie ist mit dem Wort aber der Wandel der biologischen Arten im Laufe der Erdgeschichte gemeint, und darum wird es auch im Folgenden gehen.

Wie in anderen Wissenschaften gibt es in der Evolutionsbiologie verschiedene Schulen und Denkrichtungen, die sich zum Teil erbittert bekämpfen. Jeder Autor hat hier seine Vorlieben, und es ist schwierig, allen Ansätzen Gerechtigkeit widerfahren zu lassen. Auch dieses Buch spiegelt die Präferenzen seines Autors wider. Von den Kritikern wird dieser Standpunkt als «adaptionistisches Programm» bezeichnet, womit gemeint ist, dass die Evolution der Organismen in erster Linie unter dem Aspekt der natürlichen Auslese und der Anpassungen (Adaptionen) an die Umwelt gesehen wird. Zu den in der Öffentlichkeit bekanntesten Repräsentanten des adaptionistischen Programms zählen Richard Dawkins, der im Jahr 2005 verstorbene Ernst Mayr und – nicht zu vergessen – Charles Darwin. Unter den Namen «Synthetische Evolutionstheorie» oder «Neo-Darwinismus» hat es die Evolutionsbiologie der letzten fünfzig Jahre maßgeblich geprägt. Weder neue Funde und Erkenntnisse noch die zum Teil massive Kritik haben diese Situation grundsätzlich verändert, und es sieht auch nicht so aus, als würde sich daran in absehbarer Zeit etwas ändern. Auch wer diesen Standpunkt nicht teilt und ein anderes Verständnis von Evolution hat, sollte ihn doch kennen.

Wie bei jeder neuen Erkenntnis sind für das Verständnis der Evolution Offenheit, Anstrengung und Mut nötig. Aber es lohnt sich. Und so hoffe ich, dass das Wechselspiel aus Fragen und Antworten auch das Gefühl der Freude vermittelt, das ich empfinde, wenn die Evolutionstheorie meine wissenschaftliche Neugierde immer wieder aufs Neue in höchst anregender Weise befriedigt.

Die Evolutionsbiologie ist ein enorm schnell voranschreitendes Forschungsgebiet, jedes Jahr erscheint eine große Zahl von Artikeln und Büchern zu den unterschiedlichsten Fragestellungen. Das Literaturverzeichnis am Ende des Bandes kann mit wichtigen Lehrbüchern, allgemein verständlichen Einführungen und den im Text zitierten Publikationen nur eine sehr begrenzte Auswahl davon vorstellen. Ergänzende Literatur zu den einzelnen Fragen ist deshalb online unter www.thomas-junker-evolution.de verfügbar. Um die Lesbarkeit des Textes zu erhöhen, werden alle fremdsprachigen Zitate in Übersetzung wiedergegeben. Sind in der Literatur die Originalausgaben aufgeführt, wurden die Zitate vom Autor übersetzt.

Über Charles Darwin und die Geschichte der Evolutionstheorie habe ich in meiner Zeit an der *Correspondence of Charles Darwin* in Cambridge (England) unschätzbare Eindrücke aus erster Hand gewonnen. Ernst Mayr hat mir durch seine Schriften und im persönlichen Gespräch während meiner Zeit als Postdoc an der Harvard-Universität die neuere Evolutionsbiologie nahegebracht. Viele der Fragen gehen auf Anregungen aus dem Publikum bei meinen Vorträgen und Seminaren zurück. Rolf Lauer hat den Text gelesen und auf Fehler sowie Ungenauigkeiten hingewiesen. Sabine Paul hat mich mit kritischen Nachfragen, intensiven Diskussionen und persönlich in vielfältigster Weise unterstützt. Stefan Bollmann und Angelika von der Lahr haben dem Manuskript den letzten Schliff gegeben. Ihnen allen sei herzlich gedankt.

Die größte Show im Universum

1. Wie wäre die Welt ohne die Evolution? Es gibt viele eindrucksvolle Naturschauspiele. Manche lassen sich nur im Nachhinein rekonstruieren, wie die Entstehung des Universums oder die Bildung unserer Milchstraße, der Sonne und der Erde vor vielen Milliarden Jahren. Andere spielen sich noch heute vor unseren Augen ab. Man denke nur an Vulkanausbrüche und Wirbelstürme oder an die Ästhetik einer verschneiten Gebirgslandschaft.

Das wohl faszinierendste Naturschauspiel aber verdanken wir der Evolution. Ohne sie gäbe es die Welt der Lebewesen nicht, weder die durch ihre Größe, Kraft und Schönheit beeindruckenden Tiere und Pflanzen noch die im Verborgenen wirkenden Einzeller. Ohne die Evolution gäbe es kein Lebewesen, das ihre Wirkungsweise verstehen und bewundern könnte – den Menschen. Und ohne die Evolution gäbe es nicht die Vielfalt der Millionen von Arten mit ihren unermesslichen Besonderheiten und ihrer erstaunlichen Fähigkeit, fast jeden Winkel der Erde zu besiedeln. Es hat kaum drei Jahrzehnte gedauert, bis der Gipfel des Mount St. Helens nach dem verheerenden Ausbruch von 1980 wieder fast vollständig von Vegetation bedeckt war. Würde die Menschheit von einem auf den anderen Tag verschwinden, würde sich die Natur wenige Jahrhunderte danach Häuser, Straßen und Industrieanlagen zurückerobert haben.

Alles, was Lebewesen ausmacht, ist durch die Evolution entstanden, jedes anatomische Merkmal, jede Funktion, jedes Gefühl und jedes Verhalten: Essen und Schlafen, Fühlen, Riechen und Schmecken, Sehen und Hören, Lieben und Hassen, Laufen, Graben, Klettern, Schwimmen und Fliegen, Schmerz und Lust, Heranwachsen und Altern, Denken und Lernen, Kultur und Kunst. Alle diese Phänomene kann man bewundern, genießen und wissenschaftlich untersuchen, ohne an die Evolution zu denken, indem man beschreibt, *wie* die Lebewesen gebaut sind und wie sie funktionieren. Aber ohne die Evolution fehlt ein entscheidender Aspekt: die Frage nach dem *Warum*. Warum beispielsweise haben Delfine Lungen statt Kiemen, obwohl sie doch unter der Wasseroberfläche leben? Warum können Menschen Süßes schmecken, Katzen dagegen nicht? Warum gibt es Kultur und Kunst?

Die Evolution ist die Ursache für die meisten interessanten, schö-

Durch die Evolution ist die faszinierende Welt der Organismen entstanden.

nen und komplexen Phänomene, die wir kennen. Sie produzierte die größte Show auf Erden (Dawkins 2009), vielleicht sogar die größte Show im Universum. Ohne die Evolution wäre die Welt um vieles uninteressanter, hässlicher und einfacher. Es gäbe dann allerdings auch keine Menschen, die dies bedauern könnten.

2. Wer hat Angst vor der Evolution? Wahrscheinlich wir alle. Denn die evolutionäre Sicht des Lebens ist nicht nur großartig und faszinierend, sondern auch überwältigend und bedrohlich. Diese Zwiespältigkeit beunruhigte schon Charles Darwin (1809–1882), den Begründer der modernen Evolutionstheorie. Und so ließ er sein berühmtes Buch *Über die Entstehung der Arten* (1859) mit den Worten ausklingen, dass es dem «Krieg der Natur» zu verdanken sei, dass sich aus einfachen Anfängen eine endlose Reihe der schönsten und wundervollsten Formen entwickelt hat und noch immer entwickelt.

Wer sich die enormen Zeiträume der biologischen Evolution vergegenwärtigt, die mehr als viertausend Millionen Jahre, in denen unzählige Arten entstanden und wieder verschwanden, diesen ständigen und unaufhaltsamen Wandel, der kann nicht ernsthaft glauben, dass die Existenz unserer eigenen Art *Homo sapiens* mehr ist als eine Episode. Die Menschen prägen die Welt heute in vielerlei Hinsicht, aber was wird in zwei, was in 200 Millionen Jahren sein? Werden unsere Nachfahren dann noch existieren, oder kam das Naturexperiment «Mensch» durch innere oder äußere Faktoren zu einem Ende, so wie die Dinosaurier nach 150 Millionen Jahren ausstarben?

Noch ungeheuerlicher als die unvorstellbaren Zeiträume ist der Mechanismus, der diesen Wandel vorantreibt: Veränderungen der Erdkruste und der Atmosphäre, Modifikationen des Erbmaterials (Mutationen) und die Konkurrenz der Lebewesen, um nur einige der wichtigsten Faktoren zu nennen. In dieser mitleidlosen Lotterie des Lebens gibt es keinen Plan, kein Ziel und keine Gerechtigkeit, sondern nur Zufall und Notwendigkeit. Und nicht zuletzt steht «Evolution» für die Erkenntnis, dass unsere tiefsten Gefühle und Gedanken in viel stärkerem Maße von unserer Natur, von den Genen, geprägt werden, als wir uns das gerne zugestehen. Denn wie alle anderen Lebewesen existieren Menschen nur, weil sie von einer lückenlosen Reihe von Vorfahren abstammen, die dem biologischen Imperativ, der Verbreitung ihrer Gene, gehorchten.

Darwin war sich dieser Konsequenzen sehr wohl bewusst, und er schob die Veröffentlichung seiner Ideen immer wieder hinaus. Nur wenige enge Freunde wie den Botaniker Joseph Dalton Hooker ließ er zunächst an seinen Überlegungen und Bedenken teilhaben: «Schließlich kamen Lichtschimmer, und ich bin fast überzeugt (ganz im Gegenteil zu der Ansicht, mit der ich begonnen habe), dass Arten nicht (es ist wie einen Mord gestehen) unveränderlich sind» ([1844] 1985 ff., 3: 2).

Wie soll man mit einer wissenschaftlichen Theorie umgehen, die die Vorstellung, dass die Menschen der Mittelpunkt des Universums und das Ziel der Evolution sind, als narzisstische Illusion entlarvt? Einer Theorie, deren Konsequenzen so ungeheuerlich sind, dass ihre Erkenntnis einem Verbrechen, gar einem Mord gleichkommt? Nun, man kann ihre Wahrheit bestreiten; diese Strategie verfolgen einige ihrer religiösen Gegner, die sogenannten Kreationisten. Oder man kann ihre Bedeutung herunterspielen und die Evolution als ein Detail wissenschaftlicher Forschung behandeln, das letztlich wenig relevant ist; mit diesen beschwichtigenden Worten werden wir von den Medien beruhigt. Man kann auch die Relevanz der Evolution für uns Menschen bezweifeln; diesen Ausweg wählen viele Geisteswissenschaftler, wenn sie behaupten, dass die Kultur unsere Natur längst in die Schranken gewiesen habe. Und schließlich kann man versuchen, das neue Wissen zu kontrollieren und zu reglementieren, um seine möglicherweise gefährlichen und moralisch verwerflichen Auswirkungen zu begrenzen; dieser Weg wird gerne von Theologen und Ethikern beschritten.

Ein wenig Mut vorausgesetzt, kann man sich aber auch auf das Abenteuer Evolution einlassen. Und warum auch nicht? Denn wenn Darwin recht hat, dann sind wir den Gesetzen der Evolution unterworfen, ob uns dies nun gefällt oder nicht. Was also haben wir zu verlieren außer selbst verschuldeter Unwissenheit und bequemen Illusionen?

3. Was ist Evolution? Evolution ist der Vorgang, durch den sich die Welt der Organismen seit dem Ursprung des Lebens allmählich und kontinuierlich gewandelt hat. Da das Leben auf der Erde aller Wahrscheinlichkeit nach nur ein einziges Mal entstanden ist, gibt es auch nur ein einziges zusammenhängendes Evolutionsgeschehen, d. h., alle jemals existierenden Organismen sind miteinander verwandt. Menschen haben also nicht nur mit Affen gemeinsame Vorfahren, sondern auch mit Fischen, Fliegen, Pflanzen und Bakterien.

Charakteristisch für die Welt der Organismen ist, dass es unzählige getrennte Arten mit höchst unterschiedlichen Lebensweisen gibt. Die Evolutionstheorie erklärt nun beide Phänomene, sowohl die *Weiterentwicklung* und *Anpassung* der Organismen als auch die Entstehung der *Vielfalt*, aber sie nimmt an, dass dabei jeweils andere Mechanismen wirken. Während die Anpassung der Organismen an die Umwelt von der natürlichen Auslese vorangetrieben wird, setzt die Aufspaltung von Arten in der Regel die räumliche Trennung zweier oder mehrerer Populationen einer ursprünglich einheitlichen Art voraus.

Betrachtet man die Evolution aus Sicht der Organismen, die gezeugt werden, wachsen, sich fortpflanzen und schließlich sterben, so fällt auf, dass es ein verbindendes Element geben muss, das die Kontinuität zwischen den Generationen herstellt. Ende des 19. Jahrhunderts hat der Freiburger Zoologe August Weismann (1834–1914) für dieses verbindende Element den Namen «Keimbahn» geprägt (1885). Damit bezeichnete er den sich ständig wandelnden und verzweigenden Fluss des Lebens, der mehr als 3,5 Milliarden Jahre zurückreicht. Aus dieser Perspektive sind die Lebewesen und ihre Körper nur die äußerlichen und vergänglichen Stellvertreter des «unsterblichen Keimplasmas», wie es bei Weismann heißt.

Was aber ist das geheimnisvolle «Keimplasma»? Die entscheidende Entdeckung gelang James D. Watson (*1928) und Francis Crick (1916–2004) im Jahr 1953: Das Erbmaterial besteht aus Nukleinsäure, einem langen Kettenmolekül, das aus vier verschiedenen Bausteinen (Nucleotiden) aufgebaut und in Form einer Doppelhelix organisiert ist. Gene sind Abschnitte auf der DNA, in denen die zum Bau des Körpers notwendigen Informationen in der Reihenfolge der Nucleotide gespeichert sind. Damit waren die materiellen Grundvorgänge der Evolution – nicht im Detail, aber im Prinzip – geklärt. Was wir als die Evolution der Organismen wahrnehmen, beruht also auf der systematischen Zu- oder Abnahme der Häufigkeit einzelner Gene und ihrer Varianten in einer Population, d. h. letztlich auf quantitativen und qualitativen Veränderungen der DNA-Moleküle.

Zum Verständnis der Evolution sind beide Perspektiven wichtig, der Blick auf die Welt der Organismen, da in ihr über den Erfolg oder Misserfolg einer Genkombination entschieden wird, und der Blick auf die Gene und die Keimbahn, da nur so die Einheit des Lebens verständlich wird.

4. Warum ist die Evolutionstheorie unverzichtbar? Weil sie eine Antwort ist. Eine Antwort nicht auf irgendeine Frage, sondern auf eines der größten Rätsel der Natur: Wie sind Menschen, Tiere, Pflanzen und Bakterien entstanden? Darwin war sich sicher, dieses «Geheimnis der Geheimnisse» (1859: 1) gelüftet zu haben, seine Argumente überzeugten viele seiner Zeitgenossen, und ihr Grundgedanke hat seither allen kritischen Überprüfungen standgehalten: Die unterschiedlichen Arten von Lebewesen stammen von gemeinsamen Vorfahren ab, die sich auf natürliche Weise allmählich in verschiedene Richtungen entwickelt haben. Schon ein oberflächlicher Blick bei einer Wanderung im Stadtpark, im Zoo oder in der freien Natur lässt erahnen, wie viele unterschiedliche Sorten von Tieren und Pflanzen es gibt. Sieht man genauer hin, dann wird diese Vielfalt noch eindrucksvoller, und die Frage nach ihrer Entstehung lässt sich nur mehr schwer abweisen.

Die Lösung des Rätsels bestand darin, die Komplexität und Vielfalt der heute lebenden Organismen auf eine geringere Zahl andersartiger und letztlich einfacherer Vorfahren zurückzuführen. Wenn die heute lebenden Katzen – die Löwen, Tiger, Luchse, Hauskatzen usw. – von einer einzigen ursprünglichen Katzenart abstammen, diese mit Pferden, Walen, Mäusen, Menschen usw. von einer einzigen ursprünglichen Säugetierart, diese wiederum mit Ameisen, Vögeln, Fröschen, Fischen usw. von einer einzigen ursprünglichen Tierart, dann lassen sich sowohl die abgestuften Ähnlichkeiten als auch die Unterschiede verstehen. Die Entdeckung der Evolution erfolgte also an heute lebenden Arten von Organismen. Ausgehend von der Gegenwart, rekonstruierte man den Ablauf der Stammesgeschichte gegen den Zeitpfeil und versuchte, sich ein Bild von den Vorfahren der heutigen Lebewesen zu machen.

5. Was hat die Evolution mit uns zu tun? Wenn die Evolutionstheorie revolutionäre Konsequenzen für unser Weltbild hat, dann ist dies aufschlussreich und spannend – aber in einem eher allgemeinen, philosophischen Sinne. Haben ihre Erkenntnisse auch Bedeutung für unser tägliches Leben? Oder ist die Evolution für uns so interessant und zugleich so irrelevant wie die Frage, was vor dem Urknall geschah, oder wie die Tatsache, dass die Sonne in sechs Milliarden Jahren ihre Kraft verlieren und sich in einen Weißen Zwerg verwandeln wird? Die Antwort ist Nein. Die Evolution hat auch unmittelbare, vielfältige und tief greifende Folgen für unser tägliches Leben. Meistens bleiben ihre Auswirkungen aber unbemerkt, weil sie zu langsam und unauffällig erfolgen oder weil sie allgegenwärtig sind.

Evolution ist Veränderung zwischen den Generationen, und es sind in der Regel viele Generationen nötig, um deutliche Unterschiede hervorzurufen. Dies aber benötigt Zeit. So werden selbst bei der Tier- und Pflanzenzüchtung, bei der die Züchter genaues Augenmerk auf einzelne Merkmale legen, evolutionäre Veränderungen oft erst augenfällig, wenn man historische Dokumente heranzieht und beispielsweise frühere Bilder einer Hunderasse mit heutigen Tieren vergleicht. Anders ist dies bei Mikroorganismen, die eine deutlich schnellere Generationenfolge haben. Hier kommt es schon in wenigen Wochen und

Monaten zu durchaus relevanten Veränderungen. Ein bekanntes Beispiel ist die Antibiotikaresistenz. Wenn ein Antibiotikum wie Penicillin nicht alle Krankheitserreger abtötet, sondern einige überleben, weil sie eine genetisch bedingte Abwehrreaktion zeigen, so werden diese Stämme (ungewollt) bevorteilt. In Krankenhäusern, in denen die Erreger über längere Zeit mit unterschiedlichen Antibiotika bekämpft werden, kann dieser evolutionäre Rüstungswettlauf zu gravierenden Problemen führen, da so Bakterienstämme mit vielfachen Resistenzen gezüchtet werden (Baquero et al. 2009). Mit dem bloßen Auge ist die Evolution der Mikroorganismen aber nicht sichtbar; aus diesem Grunde bleibt sie meistens unbemerkt.

Die mit Abstand größte Bedeutung für unser Leben hat die Evolution aber nicht durch den evolutionären Wandel in der Gegenwart, sondern weil alle Lebewesen auf Erfahrungen aus mehr als 3,5 Milliarden Jahren zurückgreifen. Dieses evolutionäre Erbe ist in den Genen gespeichert, und es bestimmt das Leben aller Organismen von der Zeugung bis zum Tod. Dies gilt nicht nur für den Körper, sondern auch für die Gefühle und das Verhalten. Und so kann man ohne Übertreibung sagen, dass die Evolution überall ist, wo es Lebewesen gibt.

6. Ist die Evolution eine Tatsache oder eine Theorie? An dieser Frage scheiden sich die Geister. Denn die Antwort zeigt schlaglichtartig, ob die Gefragten die Evolution für ein reales Phänomen, für eine freie Erfindung oder für eine mehr oder weniger spekulative Annahme halten. Das Wort «Tatsache» kennzeichnet üblicherweise einen Sachverhalt, der wirklich gegeben oder geschehen ist, im Unterschied zu einer Spekulation. Die Unterscheidung zwischen sicherem Wissen und Vermutungen spielt nicht nur in der Wissenschaft eine große Rolle, sondern auch im Alltagsleben. Als Tatsache gilt beispielsweise, dass Menschen auf dem Mond waren, dass es das Römische Reich gab oder dass Wasser durch die chemische Verbindung von Wasserstoff und Sauerstoff entsteht. Es gibt also Tatsachen, die sich unmittelbar beobachten und experimentell überprüfen lassen, und es gibt historische Tatsachen, deren Wahrheit durch indirekte Belege wie Filmaufnahmen, Dokumente oder archäologische Funde nachgewiesen wird.

Für die Evolution gibt es experimentelle Nachweise, aber die überwältigende Mehrzahl der überzeugenden Belege sind historische

Indizien – die Funde ausgestorbener Lebewesen, die auffälligen Ähnlichkeiten im Körperbau der Tiere und Pflanzen, die genetische Verwandtschaft zwischen räumlich benachbarten Arten. Weil es diese Vielzahl unabhängiger Belege gibt, sind die allermeisten Biologen von der Realität der Evolution überzeugt und nennen sie eine Tatsache (Dingler 1940; *Nature* 2008).

Nun haben Wissenschaftstheoretiker darauf hingewiesen, dass Aussagen über die Welt immer nur mit einer gewissen Wahrscheinlichkeit als wahr angesehen werden können, da sie auf Beobachtungen, Experimenten und Schlussfolgerungen beruhen, die von Vorannahmen beeinflusst werden und womöglich fehlerhaft sind. Dies gilt aber ganz allgemein. Von dieser Warte aus sind *alle* unsere Erkenntnisse nur wahrscheinlich richtig, was uns aber nicht daran hindert, in ein Flugzeug zu steigen oder auf die Wirksamkeit eines Medikaments zu vertrauen. Denn die Wahrscheinlichkeit, dass die Wissenschaften die Welt im Prinzip richtig erfassen, ist extrem hoch, da ihre Voraussagen in der Regel zutreffen und die technischen Anwendungen zumeist gut funktionieren.

Manchmal wird in diesem Zusammenhang das Argument vorgebracht, dass die Evolution keine Tatsache, sondern *nur* eine Theorie sei. Das Wort «Theorie» hat eine doppelte Bedeutung. Zum einen bezeichnet es allgemein die Grundlagen, Gesetze und Prinzipien eines Bereichs der Wissenschaft. Aber wie die Gravitationstheorie das Wirken der Schwerkraft beschreibt, ohne den geringsten Zweifel an deren Existenz aufkommen zu lassen, so gibt es auch in der Evolutionstheorie keinen Zweifel an der Realität der Evolution. Zum anderen spricht man von (bloßer) Theorie, wenn Vermutungen und Spekulationen von sicherem Wissen unterschieden werden sollen. Diesen Eindruck nun wollen Evolutionskritiker vermitteln, wenn sie sagen, die Evolution sei «nur» eine Theorie. Nach Ansicht fast aller Biologen ist Evolution aber viel mehr als eine theoretische Spekulation oder Hypothese, eben eine Tatsache. Warum sind sie sich so sicher?

7. Welche Beweise gibt es für die Evolution? Es ist umstritten, ob man in den Naturwissenschaften überhaupt von «Beweisen» sprechen kann oder ob es nicht eher «Hinweise» heißen sollte. Absolute, unwiderlegliche Beweise kann es nur in der Logik und Mathematik geben, während in den Erfahrungswissenschaften nur wahrscheinlich richtige Aussagen möglich sind (sogenannte «induktive Beweise»; Vollmer 2010).

So wertvoll und wichtig der Hinweis auf die Relativität unseres Wissens ist, so missverständlich ist er zugleich, denn er verwischt eine wichtige Unterscheidung: zwischen Aussagen, die mit großer Wahrscheinlichkeit richtig sind, und solchen, die nur vielleicht zutreffen. Bevor ein Mensch zu einer Freiheitsstrafe verurteilt wird, muss sich das Gericht von der Wahrheit oder Unwahrheit einer Tatsache überzeugen, indem es überprüft, ob die Indizien ausreichen und ob das Geständnis echt ist. Ist dies der Fall, spricht man von einem Beweis. Nicht anders verhält es sich in den Naturwissenschaften. Auch hier kann man sichere Belege für eine Behauptung als Beweise bezeichnen. Wer das Wort lieber vermeiden möchte, der mag dies tun, denn wichtig ist etwas anderes: Welche *sicheren* Hinweise («Beweise») gibt es für die Evolution?

In den letzten zwei Jahrhunderten haben Wissenschaftler eine überwältigende Zahl an Belegen für die Evolution gesammelt. Sie betreffen sowohl die Lebensformen der Vergangenheit als auch die Verwandtschaft und Vielfalt der heute lebenden Organismen. Einige waren schon den Naturforschern des 19. Jahrhunderts bekannt, wie die Fossilien ausgestorbener Tiere und Pflanzen oder die geographische Verbreitung der Arten, andere, wie der Vergleich des Erbmaterials (der Gene und anderer Abschnitte auf der DNA), wurden erst vor wenigen Jahrzehnten entdeckt.

Und schließlich sei auf einen oft weniger beachteten, aber ebenso überzeugenden Punkt hingewiesen: Auch die anderen Naturwissenschaften, die Astrophysik, die Chemie, die Geologie, die Physik und sogar die Sozial- und Geisteswissenschaften, haben entscheidende Bausteine für das evolutionäre Weltbild geliefert. Man kann ohne Übertreibung sagen, dass die Evolutionstheorie ein zentraler Knoten im Netz unseres Wissens ist, der nicht entfernt werden kann, ohne das gesamte Gewebe zu schädigen. Würde sie sich als falsch erweisen, dann wäre unser gesamtes Bild der Welt bis in die Grundfesten erschüttert.

8. Wie wichtig sind Fossilien? Die versteinerten Überreste von ausgestorbenen Tieren und Pflanzen, die Fossilien, sind ein unmittelbarer Beleg für die Veränderung der Arten im Laufe der Erdgeschichte. Betrachtet man ein Dinosaurier-Skelett in einem Naturkundemuseum und weiß man, dass es viele Millionen Jahre alt ist, so bekommt man einen unmittelbaren und schwer zu widerlegenden Eindruck von der Realität der Evolution. Entsprechend könnte man vermuten, dass Fossilien der wichtigste Beweis für die Evolution sind.

Interessanterweise ist dies nur zum Teil der Fall. So nahmen die frühen Vordenker der Evolution im 18. Jahrhundert von den wenigen damals bekannten Fossilien kaum Notiz. Die Paläontologen ihrerseits erklärten die Existenz der Fossilien meist ohne die Evolution (durch getrennte Neuentstehung). Noch im 19. Jahrhundert kannte man von den meisten Tiergruppen kaum Fossilien, und Darwin sah sich in seinem Buch *Über die Entstehung der Arten* gezwungen, ein eigenes Kapitel über die «Unvollständigkeit der geologischen Überlieferung» aufzunehmen. Die Funde der Paläontologen sind wichtig, weil sie den Stammbaum der Lebewesen präzisieren und durch ausgestorbene Pflanzen- und Tiergruppen wie die Dinosaurier ergänzen. Aber man könnte die Stammesgeschichte der heute lebenden Organismen auch dann recht gut rekonstruieren, wenn nicht ein einziges Fossil erhalten geblieben wäre. Wenn es nicht, jedenfalls nicht in erster Linie, die Funde ausgestorbener Tiere und Pflanzen waren, die zur Evolutionstheorie führten, was war es dann?

Den entscheidenden Hinweis lieferte der Vergleich verschiedener Tier- und Pflanzenarten. Schon die Mediziner der Antike hatten viele ihrer anatomischen und physiologischen Erkenntnisse gewonnen, indem sie Schweine sezierten. Im 16. Jahrhundert wusste man von den erstaunlichen Ähnlichkeiten zwischen dem Skelett eines Menschen und dem eines Vogels, und im 18. Jahrhundert entstand eine eigene Wissenschaft, die vergleichende Anatomie, die sich mit den Übereinstimmungen im Körperbau der verschiedenen Tiergruppen beschäftigte (Lubosch 1931). Man fragte sich: Warum haben Fledermäuse, Menschen, Delfine und Katzen trotz ihrer unterschiedlichen Lebensweise den gleichen Bauplan? Ihre Knochen unterscheiden sich in Dicke und Länge, aber sie sind durch die übereinstimmende Anordnung deutlich als die gleichen Knochen erkennbar.

Mehr als alles andere führte diese Beobachtung zur Entdeckung der Evolution, denn Ähnlichkeit, das wusste man, ist oft ein Anzeichen für Verwandtschaft. Später kamen noch weitere wichtige Belege hinzu, die charakteristische geographische Verbreitung der Organismen beispielsweise, aber bis heute ist der Vergleich lebender Arten – ihrer Knochen, ihres Verhaltens, ihrer Gene – der sicherste Beleg für die stammesgeschichtlichen Zusammenhänge. Woher wissen wir, dass die Schimpansen unsere nächsten Verwandten im Tierreich sind und dass die gemeinsamen Vorfahren vor fünf bis sieben Millionen Jahren gelebt haben? Durch den Vergleich des Erbmaterials (DNA) heute lebender Schimpansen und Menschen.

9. Welche Voraussagen kann die Evolutionstheorie machen? Zu den nützlichsten Eigenschaften wissenschaftlicher Theorien gehört es, dass sie Voraussagen ermöglichen. Wie gut kann die Evolutionstheorie die Zukunft des Lebens auf unserem Planeten vorhersagen? Dies ist zugegebenermaßen sehr schwierig und mit großen Unsicherheiten behaftet. Auch über die evolutionäre Weiterentwicklung unserer eigenen Art *Homo sapiens* lassen sich nur Vermutungen anstellen. Wenn man bedenkt, mit wie vielen Unwägbarkeiten es behaftet ist, das Wetter für mehr als ein paar Tage vorherzusagen, dann kann man sich ausmalen, wie schwierig es ist zu sagen, wie die ferne Zukunft des Lebens auf der Erde aussehen wird. Einige allgemeine Schlussfolgerungen sind aber durchaus möglich.

So gab es in der Geschichte des Lebens mehrere katastrophale Ereignisse, bei denen die Mehrzahl der Arten und ganze Tiergruppen für immer verschwanden. Das bekannteste Beispiel ist das durch einen Meteoriteneinschlag verursachte Aussterben der Dinosaurier vor rund 65 Millionen Jahren. Das in der Gegenwart von Menschen verursachte Aussterben vieler Tier- und Pflanzenarten ist dem durchaus vergleichbar. Wie sich an den fossilen Funden ablesen lässt, nahm die Zahl der Arten nach diesen Katastrophen wieder stark zu, und andere Tiergruppen erlebten eine Blütezeit. Ist also alles nur halb so schlimm? Ja und nein, denn den kommenden Generationen wird es kaum ein Trost sein, dass sich die Artenvielfalt in einigen Millionen Jahren wieder erholt haben wird.

Eine andere Art von Voraussagen kann die Evolutionstheorie sogar sehr präzise machen: über Phänomene, die noch nicht beobachtet wurden. So ließ sich beispielsweise aufgrund früherer Fossilfunde und allgemeiner biologischer Erwägungen voraussagen, dass sich in Erdschichten, die rund 375 Millionen Jahre alt sind, Übergangsformen zwischen Fischen und Landwirbeltieren finden lassen werden. Entsprechende Sedimentschichten gibt es im Norden Kanadas; als diese systematisch untersucht wurden, fand man im Jahr 2004 ein Fossil (Tiktaalik), das viele Merkmale eines Fisches und gleichzeitig solche eines Landlebewesens aufwies (Shubin 2008). Seine Flossen enthielten Knochen, die es dem Tier ermöglichten, sich im flachen Wasser hochzustemmen und zu bewegen. Ihr genauer Bau zeigt, dass es sich um Vorläufer der Extremitäten späterer Landwirbeltiere handelt und dass Tiktaalik ein Vertreter der Tiergruppe ist, aus der Amphibien, Reptilien, Dinosaurier und Säugetiere entstanden. Auch die menschlichen Arm- und Beinknochen entsprechen in ihrer allgemeinen Anordnung denjenigen von Tiktaalik. Dies ist nur ein Beispiel für die vielen spektakulären Funde von Übergangsformen, die von der Evolutionstheorie vorausgesagt wurden.

10. Warum ist es leicht und zugleich schwer, die Evolution zu verstehen? Die Grundprinzipien der Evolution sind erstaunlich einfach nachzuvollziehen, dazu benötigt man weder mathematisches noch chemisches, noch biologisches Detailwissen – es schadet allerdings auch nicht. Beobachtungsgabe, Vorstellungskraft und ein offener Blick genügen. Auch die wichtigsten kausalen Mechanismen der Evolution, die Entstehung genetischer Unterschiede, die Wirkungsweise der natürlichen Auslese und der räumlichen Isolation sind vergleichsweise leicht zu begreifen. Woher kommen dann aber die vielfältigen Missverständnisse und die verbreitete Unkenntnis? Nun, auch einfache Naturphänomene kann man oft erst begreifen, wenn das entsprechende Wissen auch vermittelt wurde. Hier aber bestehen große Defizite. Es gibt keinen Grund, warum die zentralen Aussagen der Evolutionstheorie nicht schon im Kindergarten oder in der Grundschule vermittelt werden. Die Realität sieht aber anders aus, und viele Jugendliche verlassen die Schule, ohne von der vielleicht wichtigsten Theorie der Biologie gehört zu haben.

Deutlich schwieriger zu verstehen sind die konkreten Wirkungen der evolutionären Faktoren und ihre vielfältigen Interaktionen. So war es auch unter Biologen bis vor wenigen Jahrzehnten umstritten, wie auffällige und scheinbar nutzlose Merkmale wie die bunten Federn der Männchen mancher Vogelarten entstanden sind. Bis heute gibt es Diskussionen darüber, wie ein so grundlegendes Phänomen wie die sexuelle Fortpflanzung zu erklären ist. Die Entstehung vieler Merkmale ist auch deshalb oft schwierig zu rekonstruieren, weil die Umwelt und die Lebensweise der Tiere und Pflanzen früherer Zeiten nur unzureichend bekannt sind. So lassen sich beispielsweise über die Entstehung des aufrechten Ganges der Menschen bis heute in vielerlei Hinsicht nur Vermutungen anstellen, da nicht klar ist, was die entscheidenden Vorteile der neuen Bewegungsweise beziehungsweise des Freiwerdens der Hände in den wechselnden Umwelten unserer Vorfahren waren. Die molekulare Revolution schließlich, die im Jahr 1953 mit der Entdeckung der Struktur des Erbmaterials begann, hat gezeigt, wie außerordentlich komplex die biochemische Maschinerie ist, die den Lebensvorgängen zugrunde liegt.

Die größten Hindernisse für das Verständnis der Evolution sind aber psychologischer Natur. In der Evolution entstehen zweckmäßige Merkmale und Verhaltensweisen durch die natürliche Auslese, und die Erfahrungen früherer Generationen werden in den Genen gespeichert. All dies erinnert daran, wie Menschen Werkzeuge und Gegenstände herstellen, wie sie aus Erfahrung lernen und Wissen an ihre Kinder weitergeben. Dabei übersieht man leicht, dass die Informationsspeicherung in den Genen anders funktioniert als die kulturelle Weitergabe von Wissen. So sagt die im genetischen Programm gespeicherte Erfahrung immer nur, wie richtiges Verhalten in der Vergangenheit aussah, da jedes Lebewesen von einer ununterbrochenen Reihe erfolgreicher Vorfahren abstammt. Bei unseren individuellen Erfahrungen ist dies anders.

Ein zweiter Unterschied besteht darin, dass die Evolution nur durch blinden Versuch und Irrtum voranschreitet, während menschliches Handeln auch durch bewusste Planung charakterisiert ist. Und schließlich wird häufig unterstellt, dass die Evolution ein Ziel hat, Höherentwicklung beispielsweise oder die Entstehung der Menschen. Die Evolution ist also nicht schwer zu verstehen, wenn man sich nicht durch die scheinbaren Übereinstimmungen mit unserem eigenen Handeln in die Irre führen lässt. Die wirklich spannenden, konkreten Fragen allerdings erfordern mehr Mühe und Wissen.

Die Entdeckung der Evolution

11. Warum ist Charles Darwin der Superstar der Evolutionsbiologie? Das Darwin-Jahr 2009 mit seinem doppelten Jubiläum – 200. Geburtstag Charles Darwins und 150 Jahre seit der Veröffentlichung seines berühmten Buches *Über die Entstehung der Arten* – hat noch einmal eindrucksvoll bestätigt: Darwin ist der unangefochtene Superstar der Evolutionsbiologie, ja man kann oft den Eindruck gewinnen, er sei ihr einziger erwähnenswerter Repräsentant.

Dies ist nicht nur eine höchst einseitige Betrachtungsweise, sondern auch unfair den vielen anderen Forschern gegenüber, die Darwins Werk erst möglich machten, die es korrigierten und weiterentwickelten. Um nur ein Beispiel zu nennen. Im Jahr 2009 gab es noch einen dritten wichtigen Jahrestag der Evolutionsbiologie: Vor 200 Jahren, im Geburtsjahr Darwins, veröffentlichte der französische Naturforscher Jean Baptiste de Lamarck (1744–1829) die erste ausgearbeitete Evolutionstheorie. Warum sollte es in der Wissenschaft anders sein als in der Politik und in der Architektur? Auch hier stehen einzelne Namen für die gemeinschaftliche Arbeit vieler. Aber sowenig wie Alexander der Große das Perserreich allein erobert und Cheops seine Pyramide selbst erbaut hat, so wenig ist die moderne Evolutionstheorie das alleinige Werk Darwins.

Wenn es sich nicht umgehen lässt, nur einen oder wenige Wissenschaftler stellvertretend für die Anstrengungen, die Erfolge und die Erkenntnisse vieler ungenannter Forscher zu feiern, ist Darwin dann die geeignete Wahl? Die Antwort ist Ja, obwohl einige seiner Ideen der kritischen Überprüfung nicht standgehalten haben. Denn das Buch *Über die Entstehung der Arten* (1859) gab in der Tat den entscheidenden Anstoß zur Entwicklung der neuen Wissenschaft der Evolution. Erstmals gelang es hier, überzeugend nachzuweisen, dass es möglich ist, die Existenz, die Eigenschaften und die Zweckmäßigkeit der Organismen auf *natürliche* Weise zu erklären. Damit wurden einige der auffälligsten und zugleich rätselhaftesten Phänomene der Natur, die sich der biologischen Forschung über Jahrhunderte hinweg hartnäckig entzogen hatten, wissenschaftlich verstehbar. Dies macht die *Entstehung der Arten* zu einem der wichtigsten Werke der Menschheitsgeschichte und Darwin zu einem der bedeutendsten Biologen aller Zeiten.

Darwin war aber nicht nur ein hervorragender Wissenschaftler, sondern auch eine beeindruckende Persönlichkeit. Die Unbestechlichkeit und Konsequenz, mit der er seine Ideen verfolgte und erfolgreich vermittelte, lassen ihn bis heute als Namensgeber für die Evolutionsbiologie geeignet erscheinen. Für die Gegner des Darwinismus wiederum steht sein Name für die Vielzahl der von ihnen beklagten Fehlentwicklungen. Und sie bemühen sich nach Kräften, seine persönliche Integrität zu untergraben. So wurde Darwin zum Kristallisationspunkt in den Auseinandersetzungen um die wissenschaftliche und weltanschauliche Tragweite der Evolutionstheorie (La Vergata 1985).

12. Wann wurde die Evolution entdeckt? Die Evolutionstheorie ist erstaunlich jung. Der erste Versuch, alle Organismen in einen umfassenden evolutionären Zusammenhang zu bringen, findet sich in der *Histoire Naturelle (Naturgeschichte)* des französischen Naturforschers Georges Buffon (1707–1788). Buffons *Naturgeschichte* besteht neben verschiedenen einleitenden und allgemeinen Kapiteln im Wesentlichen aus Beschreibungen der einzelnen Arten, ihres Körperbaus und ihrer Lebensweise. Ähnliche Arten sind dabei zusammengeordnet, was gewisse Wiederholungen unvermeidbar macht. Als sich Buffon daranmachte, im Anschluss an den Abschnitt über das Pferd den Esel zu beschreiben, zog er es vor, vielleicht ermüdet von der Aussicht auf eine weitgehend identische Beschreibung, stattdessen darüber zu spekulieren, *warum* beide Arten so ähnlich sind. Wenn man den Esel betrachtet, dann «scheint er nichts als ein entartetes Pferd» zu sein (1753: 377). Entsprechende Ähnlichkeiten lassen sich noch weiterverfolgen; so ist beispielsweise der Fuß der Pferde trotz aller äußeren Verschiedenheit aus den gleichen Knochen zusammengesetzt wie die Hand der Menschen.

Wie sind diese Ähnlichkeiten zu deuten? Buffon diskutierte zwei alternative Erklärungen. Zum einen könnte man annehmen, dass «das höchste Wesen bei der Schöpfung der Tiere nur eine Idee hat verwenden wollen, [...] damit der Mensch gleichermaßen die Großartigkeit der Ausführung und die Einfachheit des Planes bewundern könne». Zum anderen könnte man vermuten, dass «alle Tiere von einem einzigen Tier hergekommen seien, das im Laufe der Zeit, durch Vervollkommnung und Entartung, alle Rassen der anderen Tiere hervorgebracht hat» (1753: 381–83). Warum ist Buffons genialer

Charles Darwin (1809–1882), porträtiert von Stefanie Ophees und Michael Schmidt-Salomon, 2008

Gedanke in Vergessenheit geraten? Zum einen hinterließ er nur kurze Bemerkungen zu diesem Thema, zum anderen und vielleicht noch wichtiger: In den darauf folgenden Sätzen distanzierte er sich wieder von der evolutionären Erklärung.

Es dauerte noch mehr als ein halbes Jahrhundert, bis der französische Naturforscher Lamarck eine Evolutionstheorie im Sinne einer allmählichen und unbegrenzten Umgestaltung der Arten vorlegte (*Philosophie Zoologique*, 1809). Lamarck hatte auch einen Mechanismus für die Entstehung zweckmäßiger Eigenschaften. Er vermutete, dass es zu Anpassungen kommt, wenn Veränderungen der Umwelt neue Bedürfnisse bei den Tieren erwecken und neue Tätigkeiten notwendig machen. Dies wiederum soll die Entstehung neuer Organe anregen oder vorhandene Organe umgestalten. Bei Pflanzen soll es nach Abweichungen in der Ernährung, beim Licht, bei der Wärme oder der Feuchtigkeit direkt zu evolutionärem Wandel kommen. Lamarck zufolge entstehen zweckmäßige Eigenschaften also, weil Organismen anatomisch und physiologisch sinnvoll auf ihre Umwelt reagieren können, sich an diese «anpassen» und die so entstandenen Anpassungen dann erblich werden (Vererbung erworbener Eigenschaften).

13. Welche Erklärung hatte man vor der Entdeckung der Evolution? Wenn man nicht annehmen will, dass die Arten der Lebewesen schon ewig existieren, müssen sie irgendwann ihren Anfang genommen haben. Die Evolutionstheorie ist eine mögliche Erklärung, Schöpfung und Urzeugung waren ihre historisch einflussreichsten Vorläufer. Bis ins 19. Jahrhundert wurden religiöse Schöpfungsideen auch von vielen Naturforschern anerkannt. Man glaubte, dass die Arten der Lebewesen zu Beginn der Welt oder zu späteren Zeiten von einem Gott erschaffen wurden. Wirklich befriedigend war diese Deutung nicht, da sie wundersame Ereignisse voraussetzte, die der wissenschaftlichen Erkenntnis nicht zugänglich sind, und eher als Zeichen der Unwissenheit denn als Erklärung gelten musste.

Auf der anderen Seite gab es Versuche, die Entstehung der Arten auf natürliche Weise durch Urzeugung zu erklären (Farley 1977). Geprägt wurden diese Vorstellungen durch die Ideen des aus der Schule der Epikureer stammenden römischen Dichters und Philosophen Lukrez (97–55 v. u. Z.). In seinem Lehrgedicht *De rerum natura (Vom Wesen des Weltalls)* hatte er ein grandioses Bild der Natur entworfen, das die Phantasie der Naturforscher und Philosophen anregte. Die Lebewesen seien «auf ganz natürliche Weise entstanden», indem «Urkörper sich von allein und zufällig trafen, vielfältig, blindlings, unnütz, vergeblich zusammen sich ballten, schließlich nach jäher Vereinigung miteinander verwuchsen» (II: 1057–63). Als die Erde noch jünger war, habe sie, gleichsam zur Probe, auch Scheusale erschaffen, die aber zugrunde gingen, da sie nicht zur Fortpflanzung fähig waren oder nicht überleben konnten.

Für Lukrez werden die Arten von der Erde geboren, sie sind durch diesen gemeinsamen Ursprung miteinander verbunden, haben aber ihre jeweils eigene Entstehung und können sich nicht ineinander verwandeln. Im Gegensatz zur religiösen Überlieferung des Alten Testaments glaubte Lukrez, dass die Erde, die er auch Mutter nennt, die Lebewesen aus sich heraus ohne ein väterliches Prinzip erschaffen kann.

Wie unzulänglich die spekulativen Ideen von Lukrez und seinen Nachfolgern aus heutiger Sicht auch sein mögen, sie stellten doch einen entscheidenden Schritt zur wissenschaftlichen Erklärung dar. Obwohl sie im Detail kaum weniger wundersam waren als der religiöse Mythos, unterscheidet sich ihre Methode und ihre Weltanschauung grundlegend: Die Forderung, sich auf natürliche Erklärungen zu beschränken und mit bekannten Kräften und Stoffen auszukommen, erwies sich als der zwar schwierigere, aber im Endeffekt erfolgreichere Weg. Aus heutiger Sicht ist offensichtlich, dass die Lösung des Problems der Entstehung komplexer Organismen nicht in einer plötzlichen Urzeugung bestehen kann, sondern einen lang andauernden Wandlungsprozess voraussetzt.

14. Warum gab es in der Antike und Renaissance keine Evolutionstheorie? Im letzten Drittel des 19. Jahrhunderts, als die Idee der Evolution zur selbstverständlichen Überzeugung breiter Teile der gebildeten Bevölkerung wurde, schien es immer unbegreiflicher, dass diese so einleuchtende und vom Kausalitätsprinzip geradezu geforderte Vorstellung erst mit Darwin ihren Beginn gehabt haben sollte. Man suchte nach Vorläufern und fand neben Lamarck, dessen Werk nie ganz vergessen worden war, eine Reihe von Autoren, die sich mehr oder weniger explizit mit dem Gedanken der Evolution auseinandergesetzt hatten (Zimmermann 1953; Glass et al. 1959). Es stellte sich aber auch heraus, dass echte Evolutionsvorstellungen erst bemerkenswert spät in der Geschichte entstanden sind. Im Gegensatz zu anderen unser Weltbild prägenden Ideen wie der Erkenntnis, dass die Erde sich um die Sonne dreht (Aristarch von Samos), oder der Vermutung, dass die Welt aus kleinsten Teilchen (Atomen) zusammengesetzt ist (Demokrit), gab es weder in der Antike noch in der frühen Neuzeit (vor ca. 1750) Ansätze zu einer echten Evolutionstheorie.

Der vielleicht wichtigste Grund für die späte Entdeckung der Evolution war, dass man die direkte beziehungsweise eine falsche Beobachtung überschätzte. Man kann nicht unmittelbar sehen, wie sich Arten wandeln. Man glaubte aber, die Urzeugung von Organismen aus den Elementen, bestimmten Stoffen oder der Erde beobachten zu können. Dann schien die Analogie zwischen der Entstehung eines

Individuums und einer Art (zwischen Erde und Mutter) plausibel. Man stellte sich den Ursprung der Arten also wie die eigene Entstehung vor. Und schließlich war mangelndes empirisches Wissen über die Tatsachen der Paläontologie (Fossilien), der Biogeographie, der vergleichenden Anatomie (Baupläne) und Systematik (natürliches System) ein Hindernis. Da man ein viel zu kurzes Alter der Erde annahm, überbetonte man zudem die Bedeutung der Ursprünge und beachtete langsame Veränderungen nur am Rande.

Es gab auch eine Reihe außerwissenschaftlicher Gründe, die die Entstehung der Evolutionstheorie verzögerten. So konnten wissenschaftliche Aussagen, die im Widerspruch zu religiösen Glaubenssätzen standen, bis ins 18. Jahrhundert nur unter großer persönlicher Gefahr geäußert werden. Der französische Naturforscher George Buffon etwa wurde von den Theologen der Sorbonne scharf angegriffen, weil er das Alter der Erde auf mehr als 100 000 Jahre schätzte (Roger 1989). Und so ist es sicher kein Zufall, dass die erste umfassende Evolutionstheorie erst nach der Französischen Revolution publiziert wurde.

15. Warum hat Darwin das Wort «Evolution» kaum verwendet?

Ursprünglich hatte das Wort nichts mit Evolution im heutigen Sinn zu tun, sondern es bezeichnete eine embryologische Vorstellung (Bowler 1975). Im 18. Jahrhundert glaubten die Vertreter der Präformationslehre, dass die Individuen im Mutterleib schon von Anfang an vollständig ausgebildet sind und nur noch wachsen, ähnlich wie die Blüte in einer Knospe (von lat. *praeformatio* «Vorherbildung»). Unter «Evolution» verstand man in diesem Zusammenhang das Auswickeln einer bereits existenten Struktur aus einer kompakten Form (von lat. *evolutio* «Auswicklung»).

Das heutige Verständnis von Evolution unterscheidet sich hiervon gravierend. Zum einen geht es gerade nicht um die Entwicklung *eines* Individuums, sondern um generationenübergreifende Veränderungen *zwischen* Individuen. Zum anderen folgt die Evolution im heutigen Sinn keinem vorgegebenen Programm wie die Embryonalentwicklung, sondern sie ist ein offener Prozess, der abhängig von der klimatischen und biologischen Umwelt ganz unterschiedliche Richtungen einschlagen kann.

Zu Darwins Zeiten war die ursprüngliche Verwendung des Wortes «Evolution» noch gebräuchlich, und so nannte er sein Modell die

«Theorie der Abstammung mit Abänderung» («the theory of descent with modification»; 1859: 459). Dieser Ausdruck ist aber sehr umständlich, weshalb sich im Laufe der Zeit das prägnantere Wort «Evolution» durchsetzte. Auch Darwin verwendete es in seinen späteren Werken gelegentlich, und schon die erste Auflage der *Entstehung der Arten* endete mit dem Verb «evolved».

Bedeutungsverschiebungen eines Wortes führen nicht selten zu Missverständnissen; dies war auch bei «Evolution» der Fall. So war bis ins 20. Jahrhundert die Überzeugung verbreitet, dass die Evolution von inneren Faktoren gesteuert wird und weitgehend unabhängig von den Anforderungen der Umwelt erfolgt, so wie es das ursprüngliche Konzept des embryologischen Auswickelns nahegelegt hatte (Junker & Hoßfeld 2009: 19–21, 148–152). Für diese unzutreffende Vorstellung gibt es eine ganze Reihe von Ursachen; die Doppelbedeutung von «Evolution» erschwerte aber die Erkenntnis, dass die Entwicklung eines Individuums und die Evolution einer Art gänzlich anderen Mechanismen folgen.

16. Was ist Darwinismus?   Bereits im April 1860, also wenige Monate nach der Veröffentlichung der *Entstehung der Arten*, sprach der englische Naturforscher Thomas Henry Huxley (1825–1895) von «Darwinismus». Darwin hatte seine Gedanken als Einheit präsentiert, es wurde aber schnell deutlich, dass es sich um ein Geflecht aus verschiedenen Elementen handelt (Mayr 1985). Spätere Autoren konnten sich je nach Interesse auf jeweils andere Aspekte beziehen und beispielsweise nur die Evolutions- oder die Selektionstheorie als «Darwinismus» bezeichnen. Schon im 19. Jahrhundert wurde zudem ein breites Spektrum allgemeiner Welterklärungen von liberalen Fortschrittsideen bis hin zur Glorifizierung des Kampfes ums Dasein (Sozialdarwinismus) mit Darwins Ideen in Verbindung gebracht.

Lassen sich in der Vielfalt der Interpretationen Gemeinsamkeiten aufzeigen? Dies ist tatsächlich der Fall, denn ein Punkt wird in der Regel vorausgesetzt: Alle «Darwinismen» müssen sich auf wichtige Ideen von Darwin über die Entstehung der Arten beziehen. Worin aber bestehen diese? Für Darwins Zeitgenossen war die Situation noch relativ eindeutig: Wenn jemand annahm, dass die biologischen Arten durch Wandel aufgrund natürlicher Ursachen aus wenigen früheren Arten entstanden sind, war er Darwinist, wer an einzelne Schöpfungen glaubte, war Anti-Darwinist. Da die Idee der Evolution aber schon vor Darwin vertreten worden war, wurde parallel dazu eine abweichende Definition gebräuchlich. Man verwies darauf, dass die *Selektionstheorie* seine wirklich originelle Idee sei. Dieser Interpretation zufolge ist «Darwinismus» also nicht mit «Evolutionstheorie» identisch, sondern der Name wird nur für diejenigen Varianten verwendet, in denen die natürliche Auslese der bestimmende Faktor ist.

Normalerweise werden wissenschaftliche Theorien, im Gegensatz etwa zu politischen oder religiösen Weltanschauungen, nicht nach Personen benannt. Aus diesem Grunde plädieren viele Biologen dafür, den Begriff «Darwinismus» zu vermeiden und beispielsweise von Evolutionsbiologie zu sprechen. Diesen Bestrebungen waren indes nur Teilerfolge beschieden, und die Bezeichnung «Darwinismus» erfreut sich sowohl in der Biologie als auch in der Öffentlichkeit weiterhin großer Beliebtheit. Man mag dies bedauern und kritisieren, aber vielleicht sollte man es vor allem als Hinweis darauf sehen, dass Darwins Theorien längst über den Bereich der Naturwissenschaften hinausgewachsen sind und das gesamte moderne Bild der Welt geprägt haben.

17. Hat die Genetik Darwin widerlegt oder bestätigt?   Sowohl als auch. Es gibt wahrscheinlich kein Problem, mit dem sich Darwin intensiver beschäftigt hat und bei dem er weniger erfolgreich war als bei der Suche nach den Gesetzen der Vererbung. Die Evolution basiert auf Vererbung, sie ist Wandel zwischen den Generationen. Erbliche Unterschiede zwischen den Individuen sind die unverzichtbare Voraussetzung dafür, dass die natürliche Auslese überhaupt eine Wirkung entfalten kann. Wie aber konnte Darwin auf der Grundlage falscher Vorstellungen über die Vererbung eine zutreffende Theorie der Evolution entwickeln?

Wie die meisten Biologen des 19. Jahrhunderts glaubte er, dass die Umwelt beziehungsweise der Gebrauch und Nichtgebrauch eines Organs direkt zu erblichen Veränderungen führen können. Wenn ein Tier bestimmte Muskeln besonders intensiv gebraucht oder wenn eine Pflanze bei Trockenheit eine gedrungene Gestalt annimmt, dann sollen diese Eigenschaften vererbt werden (Vererbung erworbener Eigenschaften oder Lamarckismus). Darwin diente die Vererbung erworbener Eigenschaften als Ergänzung zur Selektionstheorie. In gewisser Weise stehen der lamarckistische Mechanismus und die Selektion aber in Konkurrenz zueinander. Je stärker die Umweltbedingungen die Variabilität in eine bestimmte Richtung drängen, umso weniger effektiv kann die Selektion sein. Darwin selbst hielt die Selektion für den entscheidenden Faktor. Ihre Wirkung sei der eines Architekten vergleichbar, der unbehauene Steine verschiedener Form sammle, um daraus ein Gebäude zu errichten, und den wir als den eigentlichen Urheber des Gebäudes ansehen (Darwin 1868, 2: 430).

Nach dem Jahr 1900 entstand dann eine neue Wissenschaft der Vererbung, die Genetik. Die Vererbung erworbener Eigenschaften spielte in ihr keine Rolle mehr. Und auch die Selektionstheorie hielt man für entbehrlich, da man glaubte, dass die Evolution der Organismen allein durch die erblichen Veränderungen, die Mutationen, zu erklären sei. Als man die Mutationen genauer untersuchte, stellte sich zur allgemeinen Überraschung heraus, dass sie genau die Eigenschaften aufweisen, die von der Selektionstheorie für die erbliche Variabilität gefordert werden. Sie treten relativ häufig auf, ihre Auswirkungen sind oft verhältnismäßig geringfügig, und in Bezug auf die Bedürfnisse der Organismen erfolgen sie zufällig. Die Genetik hat also Darwins unzutreffende Vorstellungen zur Vererbung widerlegt, zugleich aber die Selektionstheorie nicht nur bestätigt, sondern stärker in den Mittelpunkt gerückt, als dies bei Darwin selbst der Fall war.

18. Wie viele Evolutionstheorien gibt es?

Nur noch eine einzige, zumindest nur noch eine einzige wissenschaftlich anerkannte. Die kontroversen Diskussionen um offene Fragen und die theoretischen Neuerungen der letzten Jahrzehnte mögen auf den ersten Blick ein anderes Bild vermitteln. Es handelt sich dabei aber entweder um Detailprobleme, die sich aller Voraussicht nach mit den bekannten Methoden der Evolutionsbiologie lösen lassen werden, oder um nur scheinbar widersprechende Konzepte wie die Theorie der durchbrochenen Gleichgewichte oder die Neutrale Theorie, die erfolgreich in das bewährte Modell integriert wurden. Vor einem halben Jahrhundert sah dies noch ganz anders aus.

Darwin hatte dem Evolutionsgedanken zum Durchbruch verholfen und gezeigt, dass es im Prinzip möglich ist, eine natürliche Erklärung zu geben. Dies bedeutete aber nach Ansicht vieler zeitgenössischer Wissenschaftler nicht, dass auch sein konkretes Modell, die Theorie der natürlichen Auslese, richtig war. Und so versuchten die Naturforscher, bessere Modelle zu formulieren, mit der Folge, dass für ein Jahrhundert die unterschiedlichsten evolutionären Spekulationen blühten. Ist die Evolution wirklich graduell, wie von Darwin behauptet, oder kommen nicht vielmehr Sprünge vor? Lassen sich die heutigen Organismen wirklich auf eine einzige Urform zurückführen, oder gibt es zahlreiche voneinander unabhängige evolutionäre Linien?

Die wohl interessantesten Kontroversen drehten sich um die Frage, durch welche Triebkraft die evolutionären Veränderungen bewirkt werden. Der Darwin'sche Mechanismus aus Variation und Selektion erschien als bei Weitem zu einfach, um die Komplexität und Vielfalt der Lebewesen zu erklären. Es muss, so vermuteten viele Naturforscher, eine Kraft oder ein Prinzip geben, das die Evolution bestimmt. So postulierte der französische Naturphilosoph Henri Bergson (1859–1941) ein geistiges Prinzip («élan vital»), das zu einer «schöpferischen Entwicklung» führen soll (1907). Ihre Popularität verdankte diese Idee nicht zuletzt der Tatsache, dass sie Anknüpfungen an religiöse Schöpfungsideen ermöglichte. Andere Wissenschaftler vermuteten, dass es in der Stammesgeschichte notwendigerweise zur Vervollkommnung kommen muss, weil das Erbmaterial wie ein Kristall wächst und komplexer wird (Nägeli 1884). Wieder andere Autoren glaubten zeigen zu können, dass die Arten oder ganze Gruppen von Organismen einen Lebenszyklus mit Geburt, Blütezeit und Tod durchlaufen.

Generell kann man sagen, dass die meisten alternativen Evolutionstheorien bewusst oder unbewusst eine Übereinstimmung zwischen der Entwicklung eines Individuums und der Evolution der Arten unterstellten. So, wie die Entwicklung der einzelnen Individuen von dem in ihrer DNA gespeicherten genetischen Programm determiniert wird, so soll auch die Evolution der Arten durch ein geistiges Prinzip oder materielles Programm bestimmt werden. Heute spielen diese und ähnliche naturphilosophische Spekulationen keine Rolle mehr. Nicht weil die Evolutionsbiologen unkritisch oder dogmatisch sind, wie dies manchmal behauptet wird, sondern weil ein spezielles Evolutionsprinzip unnötig ist.

19. Ist die Evolutionstheorie eine Weltanschauung? Für viele Menschen ist es auf den ersten Blick irritierend, dass eine wissenschaftliche Theorie zugleich eine Naturphilosophie oder gar eine Weltanschauung beinhalten soll (Monod 1970; Rensch 1977; Dennett 1995). Ist dies nicht ein Rückfall in eine längst überwunden geglaubte, spekulative und vorwissenschaftliche Denkweise? Liegt hier nicht eine unzulässige Grenzüberschreitung in das Feld der Philosophie oder der Theologie vor? Ich denke nicht, dass dies richtig ist, sondern dass jede Wissenschaft ein Bild der Welt voraussetzt und dieses Bild ihrerseits gewollt oder ungewollt prägt. So geht die moderne Wissenschaft davon aus, dass es nur natürliche Ursachen und keine Wunder gibt (Naturalismus). Da diese Annahme auf Erfahrungen und einem Induktionsschluss beruht, ist sie zwar mit sehr großer Wahrscheinlichkeit richtig, aber eben nicht hundertprozentig zu beweisen. Auf der anderen Seite wirken wissenschaftliche Erkenntnisse auf unser Bild der Welt zurück.

Wenn die Evolutionstheorie recht hat, dann ist das Leben auf der Erde vor unermesslichen Zeiten entstanden, und es wird sich bis in eine ferne Zukunft unablässig verändern. Angetrieben wird dieser Wandel von Zufall und Notwendigkeit. So entsteht, wenn man die Grundprinzipien der Evolutionstheorie verstanden und akzeptiert hat, ein Bild der Welt als eines dynamischen und von natürlichen Ursachen bestimmten Systems. Gleichzeitig werden Weltanschauungen, die von einer jungen, stabilen oder geplanten Erde ausgehen, wie das einige Religionen tun, unplausibel und falsch erscheinen.

Darwin war sich dieser enormen weltanschaulichen Tragweite seiner Theorie bewusst, er hat sie an vielen Stellen seiner Bücher kommentiert, und er hat darauf hingewiesen, dass es aus emotionalen Gründen oft schwierig ist, ihre Konsequenzen zu akzeptieren: «Sowohl die Geburt der Art als auch des Individuums sind gleichermaßen Teile einer großartigen Folge von Ereignissen, bei denen sich unser Verstand weigert, sie als Ergebnis des blinden Zufalls zu akzeptieren» (1871, 2: 396).

Die Evolutionstheorie selbst ist also keine Weltanschauung, sondern eine naturwissenschaftliche Theorie. Sie ermöglicht und erfordert aber zugleich eine neue Sicht der Welt. Fast zwangsläufig führte die Entdeckung der Evolution so nicht nur zu einer wissenschaftlichen, sondern auch zu einer weltanschaulichen Revolution, die so weitreichende und tief gehende Konsequenzen hat, dass diese erst langsam bewusst werden können. Dieser Umbruch wird oft als bedrohlich, von vielen Menschen aber auch als befreiend empfunden.

Das evolutionäre Bild der Welt

20. Wie entstand das Leben? Mit dem Wort «Leben» bezeichnet man die Fähigkeit von Tieren, Pflanzen und Bakterien zu aktiven physiologischen Reaktionen und Verhaltensweisen. Zu den wichtigsten zählen Ernährung, Stoffwechsel, Fortpflanzung, Sexualität, Wachstum, Wahrnehmung, Denken und Bewegung. Manche dieser Lebensfunktionen muss es schon von Anfang an gegeben haben, andere wie Sexualität oder Denken sind erst sehr viel später entstanden.

Seit wann gibt es Lebewesen? Die ältesten versteinerten Überreste sind Stromatolithen, fast 3,5 Milliarden Jahre alte Ablagerungen von Bakterien in Australien. Man geht aber davon aus, dass das Leben deutlich früher entstand, vor mehr als 4 Milliarden Jahren, d. h. einige hundert Millionen Jahre nach der Entstehung der Erde. Wie waren die ersten Lebewesen beschaffen, und warum sind sie entstanden? Hierzu gibt es verschiedene Theorien und Modelle, von denen bisher keine allgemeine Anerkennung gewinnen konnte und durch Experimente im Detail überprüfbar ist (Thoms 2005). Nichtsdestoweniger lassen sich aus den Eigenschaften der heutigen Lebewesen relativ genaue Vorstellungen darüber gewinnen, wie dieser Prozess angefangen haben muss.

Komplexe biologische Eigenschaften sind niemals plötzlich da, sondern sie bilden sich in einem kontinuierlichen Evolutionsprozess aus einfacheren Vorformen. Dies gilt auch für die Lebensfunktionen selbst. Um ihre Entstehung zu erklären, muss man einen Ausgangspunkt rekonstruieren, der so einfach ist, dass er aus den normalen chemischen Prozessen hervorgegangen sein kann, die auf der frühen Erde herrschten. Zugleich müssen diese ursprünglichsten Anfänge des Lebens komplex genug gewesen sein, um den Darwin'schen Mechanismus aus Selbst-Vervielfachung (Fortpflanzung), Variation und Weitergabe der Variationen (Vererbung) in Gang zu setzen. Ist dies denkbar? Sind durch chemische Reaktionen auf der frühen Erde selbst-vervielfachende Moleküle entstanden, die Varianten mit unterschiedlicher Stabilität und Reproduktionsgeschwindigkeit bildeten? Und blieben diese Varianten bei der Vervielfachung stabil, so dass manche Varianten häufiger, andere seltener wurden? Es ist unmittelbar einleuchtend, dass nur wenige chemische Moleküle diese Voraussetzungen erfüllen.

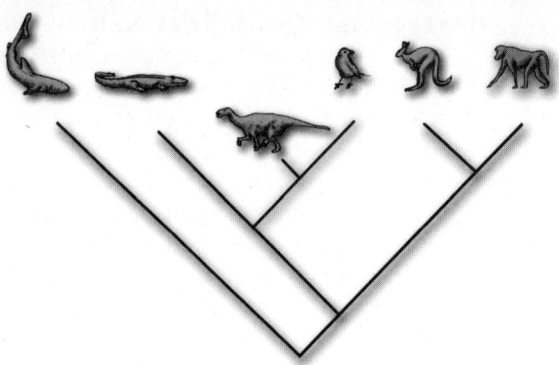

Alle Lebewesen auf der Erde haben einen gemeinsamen Ursprung.

Der aussichtsreichste Kandidat ist die Ribonukleinsäure (RNA), ein dem Erbmaterial (DNA) chemisch ähnliches Kettenmolekül. Die RNA zeichnet sich dadurch aus, dass sie wie die DNA Informationen in der Reihenfolge ihrer Bausteine (Nucleotide) speichern kann und zugleich wie Proteine in der Lage ist, chemische Reaktionen zu beschleunigen (katalysieren). Und so geht die im Moment plausibelste Hypothese zur Entstehung des Lebens von einer RNA-Welt aus. Am Beginn des Lebens haben demnach RNA-Moleküle gestanden, deren Varianten sich abhängig von den chemischen und physikalischen Bedingungen unterschiedlich effektiv selbst vervielfachten. Unter diesen Voraussetzungen konnte die natürliche Auslese ihre Wirkung entfalten und zu evolutionären Fortschritten führen.

Bisher sind viele Schritte in diesem Prozess rätselhaft, und die Forschungen zur Entstehung des Lebens gehören zu den spannendsten Bereichen der Biowissenschaften (Bada et al. 2007). Aber eines steht außer Zweifel: Wie andere natürliche Phänomene auch lassen sich die Prinzipien und die chemischen Bausteine, die zur Entstehung des Lebens führten, wissenschaftlich untersuchen, und es ist absehbar, dass die verbliebenen offenen Fragen in nicht allzu ferner Zukunft gelöst werden können.

21. Warum gibt es Organismen?   Wenn das Leben auf der Erde mit sich selbst vervielfachenden (RNA-)Molekülen (Replikatoren) begann, dann ist die Basis der grundlegendsten Eigenschaft aller Lebewesen, der Fortpflanzung, erklärt. Leben zeichnet sich aber durch eine Reihe weiterer Funktionen aus, und zudem treiben die Replikatoren nicht einzeln im Meer, sondern sie sind zu vielen Tausenden auf den Chromosomen vereint und in Zellen verpackt.

Durch Konzentration der Selbst-Replikatoren in Poren oder Bläschen müssen also erste Protozellen entstanden sein. Zu einem weiteren entscheidenden Evolutionsschritt kam es, als verschiedene RNA-Moleküle begannen, zusammenzuarbeiten und zu Genen zu werden, d. h., Informationen zum Bau von katalytisch wirksamen Proteinen (Enzymen) und letztlich Körpern (Zellen) zu speichern. Worin der Selektionsvorteil bei diesem Evolutionsschritt bestand, ist leicht einzusehen. Mehrere Gene, die arbeitsteilig beim Bau einer schützenden Hülle und bei der Reproduktion zusammenwirkten, waren einzelnen RNA-Molekülen überlegen und verdrängten diese (Woese 2002).

Auch auf der Ebene der Gene gilt also, dass schlaue Egoisten kooperieren. Sie tun dies selbstverständlich nicht aus Überlegung, sondern weil die nichtkooperativen Varianten aussterben. Insofern ist es unnötig, eine nicht weiter zurückführbare, primäre biologische Fähigkeit zur Kooperation zu postulieren. Entsprechende Versuche gab es in der Geschichte häufiger, sie sind allesamt gescheitert, da sie nicht erklären konnten, woher die geheimnisvollen Lebenskräfte stammen.

Die Zellen und damit letztlich die Körper der Tiere und Pflanzen werden entsprechend den in den Genen gespeicherten Informationen gebaut (Nüsslein-Volhard 2004). Menschen unterscheiden sich von Seegurken oder Insekten, weil sie andere Gene haben. Die Gene aber bauen die Körper zu dem Zweck, sich möglichst effektiv zu vervielfältigen. Nun könnte man einwenden, dass umgekehrt die Gene nur überleben können, wenn die Zellmaschinerie sie schützt und vervielfältigt. Heißt dies, dass die Zelle das Ursprüngliche ist und die Gene nur eines ihrer Hilfsmittel?

Ich denke nicht, dass dieses Argument richtig ist, wie folgendes Beispiel zeigt. Menschen bauen Häuser und Maschinen, um sich das Leben zu erleichtern. Inzwischen sind wir von diesen Dingen so abhängig, dass wir ohne sie kaum mehr existieren könnten. Ein einzelner Mensch, ohne technische Hilfsmittel und ohne die Unterstützung anderer Menschen, ist so wenig lebensfähig wie ein einzelnes Gen ohne die Zelle und ihre biochemische Maschinerie. Bedeutet dies, dass die Menschen nur das Mittel der Häuser und Maschinen sind, um weitere Häuser und Maschinen herzustellen? Wohl kaum.

Man kann also sagen, dass das Leben aus Genen (Replikatoren) besteht, die sich Körper (Phänotypen) als Überlebensmaschinen bauen.

22. Muss die Evolution zu Fortschritt führen? Im 19. Jahrhundert setzte man Evolution oft mit Fortschritt gleich. Der Weg von den ersten Zellen über einfache Mehrzeller, Fische, Reptilien und Affen bis hin zu Menschen schien ein schlagender Beweis für eine unaufhaltsame Höherentwicklung zu sein. Andere Autoren kritisierten diese Sichtweise und verwiesen darauf, dass sich kein objektives Kriterium für Fortschritt angeben lasse, was schon an der Vielzahl der konkurrierenden Modelle ablesbar sei. Das Spektrum der Kriterien für Fortschritt reichte von höherer Komplexität und Größenzunahme über die Verbesserung der Sinnes- und Verstandesleistungen bis hin zur erfolgreichen Erschließung neuer Lebensräume, um nur einige der wichtigsten zu nennen (Ruse 1996; Payne et al. 2009).

Es ist in der Tat schwierig zu sagen, inwiefern Säugetiere und Vögel einen Fortschritt gegenüber den Dinosauriern darstellen. Weil sie den Untergang der Dinosaurier überlebten wie die Säugetiere, oder weil sie aus ihnen entstanden sind wie die Vögel? Der evolutionäre Erfolg oder Misserfolg einer Tiergruppe hängt auch von äußeren Zufällen ab, und man würde es wohl kaum als Fortschritt bezeichnen, wenn nach einem katastrophalen Kometeneinschlag alle Säugetiere ausstürben und die Kakerlaken überlebten.

Ähnlich schwierig ist es, sich an einzelnen isolierten Merkmalen zu orientieren. Ist es ein Fortschritt oder eher ein Rückschritt, dass die Straußenvögel die Flugfähigkeit ihrer Vorfahren verloren haben? Eine allgemeine Antwort ist hier nicht möglich, da Komplexität oder spezielle Fähigkeiten nur unter bestimmten Bedingungen einen Selektionsvorteil darstellen. Die natürliche Auslese wird zwar in allen Fällen die biologische Fitness einer Art verbessern, aber nur unter bestimmten Umständen komplexere, größere oder intelligentere Organismen hervorbringen. Die Evolution lässt sich also nicht mit automatischer und unaufhaltsamer Höherentwicklung gleichsetzen.

Das bedeutet aber nicht, dass es gar keinen Fortschritt in der Evolution gab. Zum einen sind in jeder Generation die überlebenden Individuen im Durchschnitt besser angepasst als die nichtüberlebenden. Dies ist ja das Grundprinzip der natürlichen Auslese. Zum anderen gab es in der Stammesgeschichte Innovationen, die zur Folge hatten, dass die Organismen bestimmte Funktionen effizienter ausführen konnten. Augen beispielsweise ermöglichen es einem Tier, sich gezielt zu bewegen. Aus diesem Grund sind sie mehrfach in der Evolution entstanden und im Laufe der Zeit nach technischen Kriterien besser geworden. Bei welchen Merkmalen man in diesem Sinn von Fortschritt sprechen kann, lässt sich nicht generell bestimmen, sondern hängt von der Lebensweise des Organismus ab. Die heutigen Vögel können besser fliegen als ihre Archäopteryx-artigen Vorfahren, und die heutigen Wale können besser tauchen als ihre noch teilweise an Land lebenden Vorfahren. Dafür können sie andere Dinge weniger gut.

Der Fortschritt in der Evolution gleicht der bei technischen Produkten. Auf die Frage, ob ein Lastwagen besser ist als ein Fahrrad, wird man antworten, dass es darauf ankommt, für welchen Zweck man ihn benötigt. Der Fortschritt bemisst sich also an der mehr oder weniger gut gelungenen Lösung einer konkreten Aufgabe. Auf diese Weise lässt sich auch bei Organismen und ihrer Evolution sinnvoll von Fortschritt sprechen: Wenn es um die Lösung der biologisch vorgegebenen Aufgaben in einer konkreten Umwelt geht, muss es durch die natürliche Auslese zu einer Verbesserung kommen.

23. Darf man in der Biologie von Zwecken sprechen?

Auf die Frage, was der hauptsächliche Zweck des Auges ist, wird man antworten, dass es sich um ein Sinnesorgan handelt, das wir benötigen, um zu sehen, d. h., um unsere Umgebung visuell wahrnehmen zu können. Wir wissen dies, weil wir unsere Augen zu diesem Zweck benutzen, weil ihre Konstruktionsweise auf diese Funktion abgestimmt ist und weil Augen wieder zurückgebildet werden, wenn Tiere in Höhlen leben, in denen sie wegen der Dunkelheit sowieso nichts sehen können. Manchmal kann es schwierig sein, die genaue Funktion eines Körperteils zu erraten, oder dieses kann verschiedenen Zwecken dienen, was aber nichts an der Tatsache ändert, dass die ganz überwiegende Mehrzahl der Teile aller Organismen einen erkennbaren Zweck erfüllt.

Man kann Aristoteles (384–322 v. u. Z.), dem wohl bedeutendsten Biologen der Antike, noch heute zustimmen, wenn er das Zweckprinzip in den Mittelpunkt seiner Betrachtungen stellt: «Da jedes Werkzeug seinen Zweck hat und ebenso jedes Glied des Körpers, dieser Zweck aber in einer Verrichtung besteht, so ist klar, dass auch der ganze Leib als Zweck eine umfassende Tätigkeit hat» (*De partibus animalium*: 44). Auch Darwin sprach selbstverständlich davon, dass Körperteile bestimmten Zwecken («purposes») dienen.

Dieser Sprachgebrauch wird nun häufig kritisiert. Zwecke, so heißt es, hätten in der Biologie nichts verloren, da sie eine Vorstellung von der Wirkung einer Handlung voraussetzen. Aus diesem Grund sollen sie Menschen (und anderen Wesen mit Bewusstsein wie Göttern) vorbehalten bleiben. Auch einige Biologen übernahmen dieses Argument und forderten, die Welt der Organismen ohne Zwecke zu erklären. Tiere sollen ihre Augen also nicht haben, *um* zu sehen, sondern *weil* sie nach den Anweisungen des genetischen Programms gebaut werden. Man merkte aber bald, dass bei dieser Betrachtungsweise wichtige Aspekte verloren gehen, und es wurde scherzhaft davon gesprochen, dass die Teleologie (die Erklärung der belebten Natur durch Zwecke) eine Dame sei, ohne die kein Biologe leben könne, mit der man aber auch nicht in der Öffentlichkeit gesehen werden wolle (Krebs 1954: 45).

Wie die Diskussionen der letzten Jahrzehnte gezeigt haben, gibt es indessen keinen Widerspruch zwischen der Verwendung des Zweckbegriffs in der Biologie und der naturwissenschaftlichen Methode. Mittlerweile lassen sich die meisten Biologen sehr wohl und gerne mit der «Dame» Teleologie in der Öffentlichkeit sehen. Das Herz ist eine Pumpe, sein Zweck besteht darin, Blut in die Lunge und den restlichen Körper zu pumpen. Analog dazu kann der Zweck einer Pumpe darin bestehen, Grundwasser in einen Tank zu pumpen, damit es als Trinkwasser zur Verfügung steht. Die Wasserpumpe erhält ihren Zweck durch die Menschen, die sie bauen und verwenden. Beim Herzen hingegen gibt es keinen Konstrukteur. Wie entsteht dann sein Zweck? Oder allgemeiner: Wie entstehen die Zwecke der Organismen und die dazu passenden Mittel (die Organe usw.) ohne einen menschlichen (oder göttlichen) Zwecksetzer?

Die Antwort ist, dass die zweckmäßigen Organe und die zielstrebigen Tätigkeiten nach den in den Genen enthaltenen Informationen gebaut beziehungsweise programmiert werden. Das genetische Programm wiederum ist im Laufe der Evolution durch Variation und Selektion entstanden. Dies ist der Kern von Darwins Theorie: Zwecke und die entsprechenden Mittel entstehen durch einen unpersönlichen Naturvorgang und ohne eine zwecksetzende Person.

Wenn dies stimmt, dann gewinnen wir auch einen Hinweis darauf, woher die Ziele und Zwecke der Menschen kommen. Könnte es sein, dass auch diese in ihren Grundzügen biologisch vorgegeben sind? Sigmund Freud (1856-1939) war dieser Ansicht und sprach von den großen Kränkungen der naiven Eigenliebe der Menschen. Die «Unvertilgbarkeit» unserer «animalischen Natur» und die Tatsache, dass die meisten unserer seelischen Vorgänge unbewusst ablaufen, haben zur Folge, dass das bewusst denkende Ich «nicht einmal Herr im eigenen Hause» ist (*GW* 11: 294–95). Wenn auch der Wille der Menschen, d. h. ihre Ziele und Wünsche, in den Grundstrukturen biologisch vorgegeben ist, dann ist er nichts Einzigartiges und Außergewöhnliches, sondern der Unterschied zu den Zwecken anderer Lebewesen besteht nur darin, dass er (teilweise) bewusst wird.

24. Was ist der Sinn des Lebens? Es ist meist relativ einfach, den Zweck einzelner Körperteile, Organe und Funktionen zu benennen: Der wichtigste Zweck des Herzens besteht darin, Blut zu pumpen, der Zweck des Auges zu sehen. Sehen und andere Sinneseindrücke wiederum ermöglichen Tieren die Orientierung im Raum. Den Zweck oder das Ziel einer Tätigkeit nennt man auch ihren Sinn. Worin aber besteht der übergeordnete Zweck eines Organismus, was ist der Sinn seines Lebens?

Darwins Theorie hat diese Frage beantwortet: Es ist die Fortpflanzung, die möglichst große Verbreitung der eigenen Gene (nicht die der Art). Pflanzen, Tiere und Menschen existieren nur, weil sie von einer lückenlosen Reihe von Vorfahren abstammen, die diese Aktivität seit der Entstehung des Lebens vor rund vier Milliarden Jahren erfolgreich ausgeführt haben. Alle Lebewesen «wissen» instinktiv um diesen Sinn und verhalten sich entsprechend (Barlow 1994, Junker & Paul 2009: 189–199).

Manchmal wird die Frage nach dem Sinn des Lebens in der Weise aufgefasst, dass mit «Leben» die Existenz von Lebewesen (d. h. von Genverbreitungsmaschinen) auf der Erde allgemein gemeint ist. Hat die Vermehrung der Gene als solche einen übergeordneten Zweck? Die Antwort der Evolutionsbiologie ist Nein. Gene sind nichts anderes als komplizierte chemische Moleküle. Die Tatsache, dass sie nur auf der Erde und nicht auf dem Mond vorkommen, hat ebenso wenig einen höheren Sinn wie die Tatsache, dass es irgendein anderes chemisches Molekül, Wasser beispielsweise, nur auf der Erde gibt. Entsprechendes gilt auch für die biologischen Arten und damit auch für die menschliche Art *Homo sapiens*. Was es aber sehr wohl gibt, ist ein Sinn des Lebens der einzelnen Individuen – der Bakterien, Pflanzen, Tiere, Menschen –, und zwar als Vehikel ihrer Gene.

Wenn der Sinn des Lebens aber untrennbar mit den Phänomenen des Lebens selbst verknüpft ist, dann gibt es ihn schon seit Milliarden von Jahren. Er ist also um Größenordnungen älter als das menschliche Bewusstsein und unabhängig von ihm. Was hat all dies mit dem menschlichen Sinn des Lebens zu tun, mit der Suche nach Glück, dem Wunsch nach einem guten Leben oder mit Wissenschaft, Kunst und sozialer Verantwortung, die für viele Menschen das Leben erst sinnvoll machen? Erstaunlich viel, wie wir im Abschnitt «Der Darwin-Code: Rätsel Mensch?» (siehe S. 106ff.) sehen werden.

25. Ist die Evolution schöpferisch? Bei Worten wie kreativ oder schöpferisch denkt man meist unwillkürlich an den künstlerischen oder technischen Einfallsreichtum der Menschen. Sieht man von der damit verbundenen charakteristischen Produktionsweise ab, die mit Problembewusstsein beginnt und über Planung bis zur gezielten Ausführung reicht, und betrachtet die Endprodukte, so verblüfft die Kreativität der biologischen Problemlösungen. Nehmen wir die Pflanzen, bei denen von Denken selbst im rudimentärsten Sinn nicht die Rede sein kann, und als Beispiel die Verbreitung der Samen. Für die meisten Pflanzen ist es von Vorteil, wenn sie ihre Samen möglichst weit streuen. Im Gegensatz zu Tieren können sie sich aber nicht selbst bewegen und ihre Samen transportieren. Wie lösen sie dieses Problem?

In außerordentlich vielfältiger und kreativer Weise (Cousens et al. 2008). Manche Pflanzen wie der Löwenzahn lassen die Samen vom Wind transportieren und versehen ihre winzigen und leichten Körnchen mit Fallschirmen aus Haaren. Das andere Extrem sind mehrere Kilogramm schwere Kokosnüsse, die von Meeresströmungen zu fernen Inseln getrieben werden, wo sie noch Monate später auskeimen können. Zahlreiche Pflanzen nutzen Tiere zum Transport, indem sie die Samen an diese kleben oder mittels Widerhaken ans Fell heften. Andere wiederum sind auf die elegante Lösung verfallen, Tiere durch Farben, Gerüche und Nährstoffe zum Fressen der Früchte (und damit der Samen) zu verleiten und deren Zerstörung im Kauapparat und Darm durch Schutzeinrichtungen zu verhindern. Neben der effektiven Verbreitung hat diese Strategie den zusätzlichen Vorteil, dass die Samen beim Verlassen der Tiere gleich gedüngt werden. Und schließlich schleudern manche Pflanzen ihre Samen aus; ein einheimisches Beispiel sind die Explosionskapseln der Springkräuter (*Impatiens*).

Von einer Einzigartigkeit des technischen Einfallsreichtums der Menschen kann also nicht die Rede sein. Die Evolution kommt ihnen hierin zumindest gleich. Diese Erkenntnis stand auch bei der Entstehung der Bionik Pate, bei der Naturwissenschaftler, Ingenieure und Architekten zusammenarbeiten, um Erfindungen der Evolution systematisch zu untersuchen, von ihnen zu lernen und sich so zu neuen oder verbesserten technischen Anwendungen inspirieren zu lassen (Nachtigall 2002). Der Klettverschluss beispielsweise wurde nach dem Vorbild der Klettfrüchte entwickelt, die sich auf diese Weise im Haarkleid von Tieren verfangen und transportieren lassen. Ein anderes Beispiel sind die gebogenen Flügelenden moderner Flugzeuge (Winglets), die den Treibstoffverbrauch senken und die durch die Flügel segelnder Vogelarten, wie Adler oder Kondor, angeregt wurden. Die Frage ist also nicht, ob die Evolution schöpferisch ist, sondern auf welche Weise kreative Problemlösungen ohne Planung und Überlegung entstehen können.

26. Wie entsteht Kreativität in der Evolution? Die Ähnlichkeit zwischen Maschinen und Lebewesen führte dazu, dass viele Menschen unwillkürlich unterstellten, dass beides auch auf dieselbe Weise entsteht. Man glaubte, dass die biologischen Konstruktionen ein Beweis für die Existenz eines Konstrukteurs, eines intelligenten Designers, seien. Wenn man, wie die Naturtheologen des 18. Jahrhunderts argumentierten, bei einem Spaziergang zufällig eine Uhr findet, dann müsse man aufgrund ihres komplizierten Baus folgern, dass sie nicht zufällig entstanden sei, sondern geplant und hergestellt wurde. In derselben Weise müssten wir aus den zweckmäßigen Einrichtungen der Lebewesen auf einen Planer und Baumeister der Natur schließen, und zwar auf einen wesentlich mächtigeren als einen menschlichen Uhrmacher, einen Gott.

Darwin hat gezeigt, dass dieser Schluss nicht notwendig ist, sondern dass zweckmäßige Strukturen und Verhaltensweisen auch ohne Planung, aus dem Zusammenspiel von zufälliger Variation und Selektion entstehen können. Erdbeeren und andere Früchte beispielsweise sind nur deshalb so auffällig gefärbt und nährstoffreich (süß!), weil auf diese Weise Säugetiere, Vögel, Schnecken, Käfer und Ameisen angelockt werden. Die Früchte der Pflanzen, die intensiver gefärbt waren oder besser schmeckten, wurden bevorzugt verspeist und verbreitet, mit der Folge, dass die entsprechenden Gene an Häufigkeit zunahmen. Die Tiere machten also nichts anderes als ein menschlicher Züchter, der die Pflanzen mit den saftigsten und wohlschmeckendsten Früchten auswählt.

Im Gegensatz zu menschlichen Erfindungen entstehen kreative Verbesserungen in der Evolution also nicht durch gezielte Veränderungen, sondern durch zufällige Variationen, die sich dann sekundär als mehr oder weniger vorteilhaft erweisen. Dieser blinde, ungeplante und verschwenderische Mechanismus unterscheidet sich so stark von unserer eigenen Vorgehensweise, dass es vielen Menschen schwerfällt, ihn zu akzeptieren. Was ist die Alternative? Lässt man die religiöse Idee eines Schöpfers beiseite, dann bleibt eine theoretische Möglichkeit. Was wäre, wenn die Zellen oder die Genome der Lebewesen sich gezielt verändern könnten? Wenn sie wüssten, was ihre Bedürfnisse sind, wenn sie entsprechend aktiv mutieren und ihre evolutionäre Zukunft steuern könnten? Dann gäbe es weniger Sackgassen und Fehlversuche in der Evolution. Aber können sie es? Wie soll eine Erdbeerpflanze wissen, dass es vorteilhaft wäre, möglichst süße und rote Erdbeeren zu produzieren, um einem Igel oder einem Menschen zu gefallen? Wie soll sie ihre Gene entsprechend gezielt verändern? Bisher hat die Biologie keinen Mechanismus entdeckt, der eine vorausschauende Planung auf der zellulären Ebene ermöglichen würde. Die These von der Evolution als (gezieltem) kreativem Prozess ist also eine naturphilosophische Spekulation, gegen die fast alles spricht, was wir über das Funktionieren der Zellen und Genome wissen.

27. Wie kommt es zu evolutionären Neuheiten? Dass bereits existierende Eigenschaften durch die natürliche Auslese im Detail verbessert werden, wird der Evolutionsbiologie auch von ihren Kritikern zugestanden. Wie aber sollen auf diese Weise völlig neue Organe, physiologische Fähigkeiten oder Verhaltensweisen entstehen? Da ein halbes Auge oder ein rudimentärer Flügel keinen Nutzen haben, sollen diese auch nicht durch die natürliche Auslese perfektioniert werden können. Tatsächlich gibt es sogar zwei Wege, wie es zu evolutionären Neuheiten kommen kann: durch Neuentstehung und durch Funktionswechsel.

Das vielleicht eindrucksvollste Beispiel für die erste Möglichkeit ist die Entstehung des Auges. Augen sind im Tierreich mindestens vierzigmal unabhängig voneinander entstanden, und noch heute findet man zahlreiche Stufen von einfachen Flecken aus lichtempfindlichen Hautzellen bis zu den komplizierten Augen der Wirbeltiere, Tintenfische und Insekten (*Evolution* 2008). Auch bei Pflanzen gibt es Fotorezeptoren, die den Lichteinfall registrieren und zahlreiche Wachstums- und Entwicklungsvorgänge von der Auskeimung der Samen bis zur Bildung der Blüten steuern. Die unterschiedlich komplexen Augenformen belegen eindrucksvoll, dass ein Organ keineswegs von Anfang an die volle Leistungsfähigkeit besitzen muss, sondern dass einfache (Vor-)Formen je nach Lebensweise und Umwelt durchaus ihren Zweck erfüllen können. Alles, was als Ausgangspunkt für die Entstehung von Augen oder von pflanzlichen Photorezeptoren notwendig war, sind Moleküle, die sich abhängig vom Lichteinfall chemisch verändern. Diese Voraussetzung aber erfüllt eine ganze Reihe von Proteinen. Ist dies gegeben, kann die natürliche Auslese die weitere Verbesserung und die Entstehung zusätzlicher Hilfsmechanismen fördern.

Häufiger als die Neuentstehung von Funktionen ist der Funktionswechsel bereits existierender Strukturen oder Verhaltensweisen (Dohrn 1875). Für eine gewisse Zeit werden bei diesem Prozess zwei unterschiedliche Aufgaben gleichzeitig bewältigt, wobei sich das Verhältnis von Haupt- und Nebenfunktion verschieben kann. Ein Beispiel sind die Federn. Die ältesten bekannten Exemplare stammen von gefiederten Dinosauriern, die vor 160 Millionen Jahren lebten. Das ursprüngliche Federkleid war daunenartig, eignete sich also nicht zum Fliegen, sondern diente wahrscheinlich der Wärmeisolation oder als sexuelles Signal, ähnlich dem bunten Gefieder heutiger Vögel (Zhang et al. 2008). Diese Funktionen haben sich seitdem erhalten, zusätzlich aber ermöglichen spezialisierte Federn wie die Schwungfedern den aktiven Flug.

28. Warum sind größere Sprünge in der Evolution selten? Sprunghafte Veränderungen gibt es in der Evolution durchaus. Jede (Punkt-)Mutation ist eine, wenn auch geringe Diskontinuität. Bei anderen Mutationen wie der Verdoppelung von Genen, von Chromosomen oder von ganzen Chromosomensätzen (Polyploidie) kann es sogar zu recht gravierenden Umstrukturierungen des Genoms kommen. So

entstehen bei Pflanzen durch Polyploidie nicht selten neue Arten. Bei höheren Tieren kommen größere genetische Sprünge eher selten vor, aber es gibt sie. Menschen beispielsweise unterscheiden sich von den anderen großen Menschenaffen in der Zahl der Chromosomen. Während Menschen 46 Chromosomen besitzen, sind es bei Schimpansen, Gorillas und Orang-Utans jeweils 48. Genauere Untersuchungen haben gezeigt, dass das menschliche Chromosom 2 zwei kleineren, getrennten Chromosomen bei den anderen großen Menschenaffen entspricht (Yunis & Prakash 1982). Man geht deshalb davon aus, dass es bei den Vorfahren der Menschen nach der Trennung von den Schimpansen vor fünf bis sieben Millionen Jahren zur Verschmelzung zweier Chromosomen kam.

Warum sind sprunghafte Veränderungen in der Evolution trotz allem vergleichsweise selten? Warum kann man die Möglichkeit ausschließen, dass «der erste Vogel aus einem Reptilei kroch», wie der Paläontologe Otto Heinrich Schindewolf (1896–1971) vermutete (1936: 59)? Zum einen ist die Wahrscheinlichkeit, dass eine größere Veränderung des Genoms auf Anhieb überlebensfähig ist, sehr gering. Dies aber müsste der Fall sein, da keine Zeit bleibt, die genetische Modifikation schrittweise durch die natürliche Auslese zu optimieren.

Bei höheren Tieren gibt es noch einen zweiten Grund. Unterscheidet sich ein Individuum zu stark von den anderen Mitgliedern seiner Population, dann besteht die Gefahr, dass es nicht als Reproduktionspartner akzeptiert wird oder dass die Fortpflanzung wegen anatomischer, physiologischer oder genetischer Unvereinbarkeiten unmöglich wird. Bei Pflanzen, die sich asexuell fortpflanzen können, ist dieses Problem nicht so gravierend, bei Tieren schon. Es ist also nicht nur höchst unwahrscheinlich, dass die vielen genetischen Veränderungen, die aus einem Reptil einen Vogel machen, in einem Schritt erfolgten und auf Anhieb funktionsfähig waren. Sondern ein solches «hopeful monster» (Goldschmidt 1933: 547), einmal angenommen, es wäre entstanden, müsste wieder aussterben, da es sich mit den noch reptilienartigen Mitgliedern seiner Ursprungspopulation nicht fortpflanzen könnte.

29. Warum findet man so wenige fossile Übergangsformen?   Wenn alle heute existierenden Arten ohne größere Sprünge aus gemeinsamen Vorfahren hervorgegangen sind, dann muss es unendlich viele Übergangsformen gegeben haben. Wo sind diese *missing links*, die ver-

steinerten Überreste, die den allmählichen Wandel beweisen? Mit dieser Frage wurde schon Darwin konfrontiert, und bis heute wird sie von Kreationisten gerne als antievolutionäres Argument vorgebracht. Die Frage hat aber durchaus ihre sachliche Berechtigung und ermöglicht wichtige und aufschlussreiche Überlegungen zum Gang der Stammesgeschichte. Zunächst jedoch ist festzuhalten, dass fossile Funde zu Darwins Zeiten in der Tat in den allermeisten Bereichen fehlten oder sehr lückenhaft waren, dass aber seither eine erstaunliche Anzahl von versteinerten Tieren und Pflanzen entdeckt wurde. Eines der berühmtesten Beispiele ist der schon im Jahr 1861 gefundene *Archäopteryx*, ein Verwandter der ersten Vögel, der bereits Schwungfedern und Flügel hatte, dessen Zähne und Schwanzwirbelsäule aber noch charakteristisch für Reptilien (bzw. Saurier) waren. Dieser Fund war auch deshalb so aufsehenerregend, weil Anatomen bereits zuvor zu dem Schluss gekommen waren, dass die Vögel aus reptilienartigen Vorfahren entstanden sind.

Es gibt aber nicht nur bemerkenswerte Einzelfunde, sondern teilweise ganze Fossilreihen, anhand derer sich die Entstehung heutiger Tiergruppen im Detail rekonstruieren lässt. So war der Stammbaum der Pferde schon im 19. Jahrhundert erstaunlich gut belegt. Als besonders interessantes Beispiel ist in den letzten Jahrzehnten der Stammbaum der Wale hinzugekommen. Hier lässt sich an einer Reihe von Fossilien ablesen, wie aus einem nilpferdartigen Vorfahren durch Reduktion der Extremitäten und durch Umbau des Körpers die heutigen Wale entstanden (Thewissen et al. 2007). Auch der Stammbaum der Menschen und ihrer Vorfahren ist vergleichsweise gut fossil belegt. Wenn überhaupt, dann müssten sich die Schimpansen über *missing links* beklagen. Die Seltenheit von Schimpansenfossilien ist dadurch zu erklären, dass sie bevorzugt in heißen, feuchten Dschungelgebieten leben, in denen sich die Überreste von Lebewesen nur schlecht erhalten (McBrearty et al. 2005).

Während also die Evolution einiger Tier- und Pflanzengruppen gut belegt ist, findet man von anderen kaum Überreste. So gibt es praktisch keine fossilen Hinweise auf den Tierstamm der Plattwürmer (Platyhelminthes), der immerhin rund 20 000 heute lebende Arten aufweist. Sehr schlecht dokumentiert ist auch die Frühzeit der Tiere vor mehr als 600 Millionen Jahren (Schopf 2000). Die Ursache könnte identisch sein. Reste von Lebewesen bleiben nur erhalten, wenn sie von Sediment überlagert und vor der weiteren Verwitterung geschützt werden. Und auch dann finden sich in der Regel nur die härtesten Körperteile – Zähne und Knochen –, während die Haut, innere Organe oder Muskeln kaum Spuren hinterlassen. Plattwürmer haben aber keine harten Skelettteile beziehungsweise Schalen. Dies könnte sich auch bei den ersten Tieren so verhalten haben und würde erklären, warum aus der Zeit vor der sogenannten Kambrischen Explosion (vor rund 540 MJ) relativ wenige fossile Funde bekannt sind.

30. Warum sterben Arten aus? Manchmal ist es einfach das Pech, zur falschen Zeit am falschen Ort zu sein. Am spektakulärsten sind in dieser Hinsicht die weltweiten Massenaussterben, von denen sich in den letzten 500 Millionen Jahren mindestens fünf ereigneten. Am bekanntesten ist das Massenaussterben am Ende der Kreidezeit (vor 65 MJ), das durch den Einschlag eines Meteoriten ausgelöst wurde und zum Untergang der Dinosaurier und vieler anderer Lebewesen führte (70 Prozent aller Arten). Dramatischer noch war das Massenaussterben am Ende des Perm (vor 251 MJ), bei dem mehr als 90 Prozent aller Meerestierarten und 70 Prozent der Landwirbeltierarten verschwanden (Raup & Sepkoski 1982). Dazu kommen noch die zahlreichen regionalen Aussterbeereignisse, die durch physikalische Phänomene wie Vulkanausbrüche, Überschwemmungen oder rasche Klimaveränderungen verursacht wurden. Charakteristisch für Massenaussterben ist, dass ein großer Teil der Flora und Fauna eines Gebietes unterschiedslos in kurzer Zeit vernichtet wird. Ob eine Art überlebt, hängt in diesen Fällen nur am Rande von ihren Fähigkeiten ab.

Ganz anders ist dies beim Aussterben durch Konkurrenz mit anderen Lebewesen. Die ökologische Literatur ist voll von Beispielen, die zeigen, wie Individuen verschiedener Arten konkurrieren. Falls sie dieselben Ressourcen benötigen, kommt es über kurz oder lang zum Aussterben einer der beiden Arten (Gause 1934). Hier kommt es auf die Fähigkeiten der Arten an, sich an geänderte Umweltbedingungen anzupassen, neue Nahrungsquellen zu erschließen oder Raubfeinden und Parasiten zu widerstehen. In diesem Fall sterben Arten aus, weil die geeigneten Mutationen fehlen, um sich schnell und effektiv auf neue Herausforderungen einstellen zu können.

Und schließlich gibt es Fälle von Pseudoaussterben, bei denen Arten verschwinden, weil sie sich in andere Arten weiterentwickeln.

Tatsächlich ist die ursprüngliche Art dabei nicht ausgestorben, sondern sie ist nur nicht mehr als solche erkennbar. Die Tatsache, dass es keine Australopithecinen (schimpansenartige Vorfahren heutiger Menschen) mehr gibt, ist sowohl durch das Aussterben mehrerer Arten als auch durch die Weiterentwicklung einer der Populationen zu Menschen zu erklären. Im Rückblick ist es oft schwer zu entscheiden, warum eine Art seltener wurde und schließlich verschwand. Nicht immer haben die besseren Überlebensfähigkeiten den Ausschlag gegeben; es hieße aber, den Zufall über Gebühr zu strapazieren, im Erfolg oder Misserfolg einer Tier- oder Pflanzenart nur sein Wirken zu vermuten.

31. Welche Rolle spielt der Zufall in der Evolution? Darwin zufolge sei die Evolution der Organismen ein Werk des blinden, «mit immenser Unwahrscheinlichkeit wirkenden Zufalles» und bleibe «somit auf der Stufe der rohsten, jedenfalls unwissenschaftlichen Naturauffassung stehen». Mit diesen harschen Worten lehnte der Marburger Botaniker Albert Wigand (1812–1886) vor mehr als einem Jahrhundert Darwins Ideen ab (1874–77, 1: 90). Bis heute gilt die Tatsache, dass Zufälle in der Selektionstheorie eine große Rolle spielen, bei ihren Kritikern als schwerwiegender Mangel.

Da in der Natur alles auf Ursache und Wirkung beruht, kann es keinen echten Zufall geben, davon waren die Naturwissenschaftler bis ins 20. Jahrhundert überzeugt. Seit von Quantenphysikern die Existenz zufälliger Veränderungen auf der atomaren Ebene postuliert wurde, fällt die Ablehnung des Zufalls nicht mehr ganz so kategorisch aus. Da die Zufälle der Evolutionsbiologie aber von anderer Art sind als die quantenmechanischen Zufälle, kann man Letztere nicht als Erklärung heranziehen.

In der Evolutionsbiologie spielen zufällige Ereignisse in der Tat eine große Rolle. Als zufällig gelten beispielsweise genetische Veränderungen (Mutationen) und die Durchmischung der väterlichen und mütterlichen Chromosomen bei der sexuellen Fortpflanzung (Rekombination). Weniger von Zufällen geprägt ist, welchen evolutionären Erfolg die einzelnen Gene und ihre Kombinationen haben. Würden sich vorteilhafte Varianten nicht mit größerer Wahrscheinlichkeit vermehren, gäbe es keine natürliche Auslese und folglich keine Evolution. Aber auch auf dieser Ebene spielen Zufälle eine Rolle. Der Samen eines Baumes kann über noch so gute Gene verfügen, fällt er auf felsigen Untergrund, wird er keine Chance haben. Andere Beispiele sind Massenaussterben durch Vulkanausbrüche oder Kometeneinschläge, bei denen unterschiedslos alle Organismen eines Gebietes vernichtet werden. Und so ist die Evolution ganz allgemein von *Zufall und Notwendigkeit* geprägt, wie der französische Genetiker Jacques Monod (1910–1976) in seinem berühmten gleichnamigen Buch von 1970 schrieb.

Was aber ist mit «Zufall» in der Evolutionsbiologie gemeint und was nicht? Zum einen steht das Wort nicht für unsere Unkenntnis der konkreten Ursachenkette, wie Darwin vermutete (1859: 131), sondern für einen realen Naturvorgang. Zum anderen ist mit «Zufall» nicht gemeint, dass die Kette von Ursache und Wirkung (die Kausalität) durchbrochen wäre. Alle oben erwähnten Beispiele – Mutationen, Rekombination, Schwankungen der Umwelt – können als völlig determiniert aufgefasst werden und trotzdem evolutionsbiologische Zufälle sein. Was aber ist mit «Zufall» dann gemeint?

Mit dem Wort charakterisiert die Evolutionsbiologie die Tatsache, dass viele Ereignisse im Leben eines Organismus ohne Rücksicht auf seine Bedürfnisse eintreten und von ihm nicht beeinflusst werden können. Man kann sich dies am Beispiel des Glücksspiels verdeutlichen: Wenn ein Spieler beim Lotto eine bestimmte Zahlenkombination bevorzugt, dann sind seine Vorlieben nicht zufällig, sondern durch frühere Erfahrungen und weitere Faktoren determiniert. Ebenso wenig zufällig ist es, wie die Kugeln fallen, sondern hier gelten die Gesetze der Physik. Es besteht aber keine Beziehung zwischen den jeweils gewinnenden Zahlen und den Wünschen der Spieler. In Bezug auf diese sind sie zufällig. Dies und nur dies ist mit «Zufall» in der Evolutionsbiologie gemeint: Mutationen, Rekombination und Umweltveränderungen ereignen sich ohne Rücksicht auf die Bedürfnisse eines Organismus und seiner Nachkommen.

Natürliche Auslese, Züchtung und Partnerwahl

32. Kann man die natürliche Auslese experimentell überprüfen? Die Evolution der Organismen lässt sich nicht direkt beobachten, aber mit den Fossilien gibt es aussagekräftige Indizien, die zweifelsfrei belegen, dass es im Lauf der Erdgeschichte einen kontinuierlichen Wandel gegeben hat. Wie aber konnte Darwin nachweisen, dass die natürliche Auslese mehr ist als ein bloßes Gedankenspiel und tatsächlich die von ihm behaupteten Effekte hat? In den letzten Jahrzehnten wurde der kausale Mechanismus der Selektion in einer ganzen Reihe kontrollierter Experimente minutiös dokumentiert, und es gibt überzeugende Nachweise für sein Wirken in der Natur (Barrick et al. 2009; Endler 1986). Diese Belege standen Darwin noch nicht zur Verfügung, bekannt und erprobt war aber eine Mischung aus Experiment und Naturbeobachtung: die Züchtung von Pflanzen und Tieren.

Wie züchtet man Rennpferde? Man organisiert Rennen, bei denen die Pferde gegeneinander antreten, um festzustellen, welches Tier am schnellsten laufen kann. Wie bei anderen Merkmalen – der Farbe, der Größe, dem Charakter – gibt es auch hier individuelle Unterschiede. Diese hängen auch davon ab, wie ein Fohlen heranwächst, ob es gut oder schlecht ernährt wird; sorgt man indes für ähnliche Bedingungen, so kann man näherungsweise feststellen, welche Tiere die besten Anlagen zum Rennpferd haben. Die jeweils schnellsten Stuten und Hengste werden dann verpaart, in der Erwartung, dass ihre Nachkommen die erwünschten Eigenschaften in noch höherem Maße aufweisen. Dass dies funktioniert und dass sich auf diese Weise nicht nur schnelle, sondern auch kräftige, kleine oder gutmütige Pferde züchten lassen, war seit langem bekannt.

Sieht man nun von den Wünschen der Züchter ab und betrachtet den Vorgang der Züchtung selbst, dann werden zwei Grundbedingungen deutlich: 1. Die Tiere müssen sich in ihren erblichen Eigenschaften unterscheiden. 2. Es muss die Möglichkeit der Auswahl geben, d. h., es müssen mehr Tiere zur Verfügung stehen, als sich fortpflanzen können. Darwins geniale Idee war es zu erkennen, dass dieser Mechanismus auch funktioniert, wenn es keinen Züchter gibt, der zweckgerichtet handelt.

Durch die Selektion entsteht nicht nur Überlebensdienliches, sondern auch Schönheit, wie die Federn der Paradiesvögel. «Großer Paradiesvogel» von Jacques Barraband, 1806

33. Wie funktioniert Züchtung ohne einen Züchter?

Ein Missverständnis hat die Selektionstheorie seit ihren Anfängen begleitet: Unterstellt Darwin mit seiner Rede von der natürlichen Auslese nicht Absichten und Ziele? Spricht er der Natur nicht letztlich zweckvolles Handeln zu? Dies ist nicht der Fall, sondern der überwiegende Teil des evolutionären Wandels wird ebenso wenig von Absichten bestimmt wie das Wetter oder die Bewegung der Wellen auf dem Meer. Darwin konnte die Wirkungsweise der natürlichen Auslese anhand der Züchtung verdeutlichen, gerade weil sie in gleicher Weise funktionieren, mit dem kleinen Unterschied, dass nicht ein Züchter, sondern die Natur die Auswahl vornimmt. An der Sache selbst ändert sich dabei (fast) nichts, sowenig wie sich an den physikalischen Prinzipien des Fliegens etwas ändert, wenn ein Insekt, ein Vogel oder ein Flugzeug fliegt.

Wie die Begriffe «Selektion» oder «Auslese» besagen, geht es darum, etwas auszuwählen. Wie aber kann es eine Auswahl ohne auswählende Person geben? Hier kommt der Kampf ums Dasein ins Spiel. Schon vor Darwin hatte man beobachtet, dass alle Organismen dazu tendieren, sehr viel mehr Nachkommen zu produzieren, als jeweils überleben können. Man kann sich dies eindrücklich vor Augen führen, wenn man die Hunderte oder Tausende von Früchten (und Samen) betrachtet, die an einem beliebigen Baum hängen. So viel Raum, Nährstoffe und Licht kann es nicht geben, dass alle Samen auskeimen können. Die zum Überleben notwendigen Ressourcen sind begrenzt, mit der Folge, dass die Zahl der Individuen nicht unbegrenzt ansteigen kann. Aus dem Missverhältnis von Überfruchtbarkeit und Überlebensmöglichkeit entsteht nun zwangsläufig Konkurrenz, die Darwin als Kampf ums Dasein bezeichnet. In dieser Situation werden bestimmte erbliche Variationen vorteilhaft sein, andere eher nachteilig.

In der natürlichen Auslese werden die Individuen also durch die Tatsache ausgewählt, dass sie unterschiedlich erfolgreich überleben und sich fortpflanzen. Korrekterweise kann man in diesem Fall nicht von einer «Wahl» sprechen, sondern davon, dass es Unterschiede bei der Überlebens- und Fortpflanzungswahrscheinlichkeit gibt, die (auch) von den erblichen Eigenschaften abhängen. Die Wirkungen der Züchtung beziehungsweise der natürlichen Auslese beruhen also gleichermaßen auf dem nichtzufälligen Fortpflanzungserfolg von erblich unterschiedlichen Individuen (Dawkins 2009: 43–82). Ob sich die Fortpflanzungschancen eines Pferdes mit seiner Schnelligkeit verbessern, weil dies dem Besitzer eines Rennstalles gefällt oder weil es so besser Raubtieren entkommt, ändert am evolutionären Resultat nichts.

34. Wer kämpft beim Kampf ums Dasein gegen wen? Die deutsche Übersetzung «Kampf ums Dasein» für Darwins «struggle for life» ist oft kritisiert worden. Der Ausdruck sei zu martialisch, und man solle besser vom Ringen ums Dasein oder vom Daseins-Wettbewerb sprechen (Kutschera 2009: 12). Die Kritik ist berechtigt, wenn man sich unter Kampf eine notwendigerweise blutige Auseinandersetzung vorstellt, die mit dem Tod eines der Konkurrenten endet. Um dieses Missverständnis zu vermeiden, betonte Darwin, dass der Ausdruck in einem weiten und metaphorischen Sinn gemeint sei. Aber auch eine Pflanze, die Jahr für Jahr Tausende von Samen produziere, von denen nur wenige überleben, kämpfe indirekt gegen andere Pflanzen. Die Konkurrenz der Pflanzen um Licht und Lebensraum ist auf den ersten Blick für uns Menschen weniger deutlich erkennbar, aber ist sie deshalb weniger ernst? Wohl kaum, und so sollte man die dunkle Seite der Natur nicht aus dem Auge verlieren, denn letztlich beruhe die Evolution der Lebewesen auf dem «Krieg der Natur, auf Hunger und Tod» (Darwin 1859: 62–63, 490).

Wer aber konkurriert bei der natürlichen Auslese, wer kämpft gegen wen? Der Kampf ist eine Folge der Überfruchtbarkeit bei begrenzten Ressourcen. Dies bedeutet, dass Raubtiere konkurrieren, wenn sie dieselben Beutetiere jagen, Pflanzenfresser konkurrieren, wenn sie sich von denselben Gräsern oder Blättern ernähren, und Bäume konkurrieren um den Zugang zum Licht. Der Kampf ums Dasein wird also zwischen den Raubtieren, zwischen den Pflanzenfressern und zwischen den Bäumen ausgetragen, nicht aber zwischen einem Räuber und einem Beutetier. Und der Kampf ist umso erbitterter, je mehr die Lebensweise zweier Organismen übereinstimmt. Am engsten aber ist diese Konkurrenz innerhalb einer Art, da sich die Individuen hier in ihrer Lebensweise am ähnlichsten sind.

Bedeutet dies, dass auch zwischen Geschwistern, zwischen Eltern und Kindern und zwischen den Mitgliedern einer sozialen Gruppe ein erbitterter Kampf ums Dasein stattfindet? Um diese Frage korrekt beantworten zu können, muss man sich in Erinnerung rufen, dass es in der Evolution letztlich nicht um das Überleben und Wohlergehen der Individuen geht, sondern um die effektive Verbreitung ihrer Gene. In dem Maße, in dem die Mitglieder einer Familie aber miteinander verwandt sind (die gleichen Gene haben), stimmt ihr genetisches Interesse überein und die Konkurrenz verringert sich. Damit ist der Kampf ums Dasein jedoch nicht aufgehoben, sondern er wird nur partiell nach außen verlagert und richtet sich gegen nichtverwandte Individuen.

Allgemein ist Kooperation eine bessere Strategie als Konkurrenz, wenn sich die individuellen Interessen überschneiden oder wenn sie gemeinsam erfolgreicher durchgesetzt werden können. Da die Interessen der Organismen aber nur in speziellen Fällen identisch sind (bei eineiigen Zwillingen und Klonen), kommt es auch zwischen Geschwistern, zwischen den Generationen und in sozialen Gruppen zu fein austarierten und zugleich labilen Kompromissen zwischen Konkurrenz und Kooperation.

35. Was ist eine Anpassung? Evolution und Selektion lassen sich nicht direkt beobachten, sondern ihre Existenz und Wirkungsweise werden durch Indizien nachgewiesen. Ganz anders stellt sich die Situation bei der Zweckmäßigkeit der meisten anatomischen und physiologischen Merkmale der Organismen dar. Beispiele für ihre (fast) perfekte Konstruktion sind so allgemein bekannt und leicht zu erkennen, dass es sich erübrigen könnte, sie noch eigens zu erwähnen. Und so mögen wenige Hinweise genügen. Die genaue Abstimmung von Muskeln, Blutgefäßen, Knochen und Gelenken mit Energiezufuhr und gezielter Steuerung der Bewegungen durch das Gehirn stellt in ihrer Komplexität alle bisher von Menschen gebauten Maschinen in den Schatten. Und es ist beeindruckend zu sehen, wie gut die Organismen in ihrem Körperbau, in ihren physiologischen Reaktionen und in ihrem Verhalten an die jeweilige Umwelt angepasst sind (Rose & Lauder 1996).

All dies war lange vor der Entdeckung der Evolution bekannt. Wie aber sind die erstaunlich effektiven Biomaschinen entstanden? Erst die Selektionstheorie ermöglichte eine wissenschaftlich überzeugende Antwort auf dieses alte Rätsel. Zweckmäßige Variationen können durch unterschiedliche Ursachen entstehen, aber durch die natürliche Auslese bleiben sie erhalten und werden angehäuft: Sie «überprüft täglich und stündlich auf der ganzen Welt jede, auch die geringste Variation, indem sie verwirft, was schlecht ist, und alles erhält und vermehrt, was gut ist. Still und unmerkbar arbeitet sie, wann und wo immer sich die Gelegenheit bietet, an der Verbesserung jedes organischen Wesens in Bezug auf seine organischen und anorganischen Lebensbedingungen» (Darwin 1859: 84). Wie Darwin betonte, geht es in diesem Zusammenhang um die Nützlichkeit eines Merkmals für das Überleben beziehungsweise die Fortpflanzung der Individuen im Hier und Jetzt. Ändert sich die Umwelt, so müssen sich die Organismen an die veränderten Bedingungen anpassen, andernfalls sterben sie aus. Aus diesem Grund nennt man die nützlichen Merkmale «Anpassungen» (Williams 1966).

Auch wenn es also sehr wahrscheinlich ist, dass die komplexeren biologischen Merkmale eine wichtige Funktion haben, ist es manchmal schwierig nachzuweisen, worin diese besteht. Warum beispielsweise sind Menschen im Gegensatz zu den meisten anderen Primaten nackt, und warum sind die wenigen behaarten Stellen so eigenartig verteilt? Die nackte Haut der Menschen wird dadurch erklärt, dass sie das Schwitzen erleichtert, einen gewissen Schutz gegen Hautparasiten bietet und als sexuelles Signal dient. Es kann also mehrere richtige Antworten geben. Oft lässt sich die Funktion eines Merkmals auch gut erkennen, wenn es aufgrund von Krankheiten fehlerhaft ausgebildet ist. Alles in allem gehört es zu den interessantesten und anspruchsvollsten Aufgaben evolutionstheoretischer Forschung, die oft rätselhafte Funktion biologischer Strukturen und Verhaltensweisen im Detail nachzuweisen.

36. Warum entsteht durch die natürliche Auslese keine Perfektion? Die Vorstellung, dass Organismen perfekt sein müssen, ist ein Relikt der naturtheologischen Denkweise, der zufolge ein Gott die Lebewesen erschaffen hat. In der Selektionstheorie spielt das Konzept einer abstrakten Perfektion keine Rolle, sondern Organismen müssen nur ihren Konkurrenten überlegen sein. Durch diesen Wettbewerb kommt es zu einer kontinuierlichen Verbesserung aller Eigenschaften. Warum aber gibt es neutrale Eigenschaften, die weder nützen noch schaden, und sogar offensichtliche Fehlkonstruktionen? Bei neutralen Merkmalen stößt die Selektion in der Tat an ihre Grenzen. Wenn zwei Varianten gleichermaßen funktionstüchtig sind, dann bleiben sie für die natürliche Auslese unsichtbar. Vor allem auf der molekularen Ebene spielt dieses Phänomen eine große Rolle. Viele Mutationen sind neutral, weil sie in DNA-Abschnitten erfolgen, die nicht abgelesen werden, oder weil die Veränderungen des Gens keine Auswirkungen auf das Produkt (das jeweilige Protein) haben.

Was aber ist mit evolutionären Fehlkonstruktionen? Nehmen wir als Beispiel das Missverhältnis zwischen dem Geburtskanal der Frauen und dem Kopf der Säuglinge. Warum sind Geburten beim Menschen für Mutter und Kind so schmerzhaft und riskant? Die Antwort ist, dass die natürliche Auslese diesen Vorgang durchaus optimiert hat, dass sie aber an unüberwindliche Grenzen stößt, weil zwei sich widersprechende Ziele gleichzeitig erreicht werden müssen. Auf der einen Seite kam es zur Vergrößerung des menschlichen Gehirns. Der Selektionsvorteil verbesserter geistiger Fähigkeiten war so groß, dass er die damit verbundenen Kosten in Form erhöhten Energiebedarfs und erschwerter Geburt übertraf. Warum aber hat sich das Becken der Frauen nicht an den Kopf der Säuglinge angepasst? Dies ist tatsächlich erfolgt. Frauen haben ein breiteres und etwas anders gebautes Becken als Männer, was aber mit dem Nachteil verbunden ist, dass sie weniger schnell und effizient laufen können. Auf der anderen Seite gibt es also konstruktive Zwänge, die durch die aufrechte Körperhaltung und die Vorteile der Fähigkeit zu ausdauerndem Laufen auf zwei Beinen bedingt sind. Und so ist das weibliche Becken Ausdruck eines Designkompromisses zwischen der menschlichen Fortbewegungsweise und der Größe des kindlichen Kopfes (Rosenberg & Trevathan 2002).

Die Notwendigkeit von Designkompromissen ist kein Mangel der natürlichen Auslese, sondern ein allgemeines technisches Problem. Wenn eine Maschine unterschiedliche Zwecke erfüllen soll, und auch bei Lebewesen ist dies der Normalfall, dann lassen sie sich nicht vermeiden. Die Merkmale sind dann zwar in Bezug auf eine einzelne Aufgabe nicht perfekt, können aber unterschiedlichen Anforderungen gerecht werden (Mayr 2001: 140–43).

Warum aber, so könnte man weiterfragen, müssen sich Babys überhaupt durch den Knochenring des Beckens quälen, anstatt wie beim Kaiserschnitt durch eine Öffnung in der Bauchdecke einen weit weniger riskanten Weg zu nehmen? Warum hat die natürliche Auslese diese höchst nachteilige Fehlkonstruktion noch nicht behoben? Die Antwort ist, dass die Anordnung der Geschlechtsorgane und der Beckenknochen beim Menschen ein Teil ihres evolutionären Erbes ist. Ihre Entstehung reicht bis zu den ersten Landwirbeltieren vor fast 400 Millionen Jahren zurück und war ursprünglich vorteilhaft. Die natürliche Auslese kann aber weder vorausschauend zukünftige Probleme in Betracht ziehen, noch kann sie das menschliche Becken am Reißbrett von Grund auf neu konstruieren. Bei komplexen Organen ist Evolution immer Umbau vorhandener Strukturen, niemals Neukonstruktion.

37. Wie unterscheiden sich Partnerwahl, Züchtung und natürliche Auslese? Darwins geniale Idee war es zu erkennen, dass es Züchtung auch ohne menschliche Züchter gibt. Damit machte er einen Naturmechanismus bewusst, der vor rund vier Milliarden Jahren mit der Entstehung des Lebens seinen Anfang genommen hatte und den die Menschen bei der Tier- und Pflanzenzucht instinktiv nachahmen und für ihre Zwecke ausnutzen. Die Gleichartigkeit von natürlicher und künstlicher Züchtung wird auch durch das bruchlose Kontinuum zwischen den auf den ersten Blick so unterschiedlichen Erscheinungsformen der Selektion dokumentiert.

Selektion ist das nichtzufällige Überleben von zufällig entstandenen genetischen Varianten. Sieht man vom Spezialfall der Gentechnik ab, unterscheiden sich ihre Erscheinungsformen nur in den Faktoren, die das Überleben nichtzufällig machen. In der natürlichen Auslese wird diese Rolle zum einen von der physikalischen Umwelt übernommen. Nehmen wir als Beispiel die Kälte. Diejenigen Tiere, die eine Anlage zu dichterem und besser isolierendem Fell besitzen als ihre Artgenossen, benötigen weniger Energie, können auch bei tieferen Temperaturen überleben, und folglich werden sich ihre Gene durchsetzen. Die Auswahl erfolgt hier also automatisch durch das Überleben oder Nichtüberleben.

Zur natürlichen Auslese zählt zum anderen die organismische Umwelt. An die Stelle der Kälte als unterscheidendem Faktor kann ein Raubtier treten, das eine Auswahl unter den Beutetieren trifft, indem es die langsameren Individuen fängt. Man kann also sagen, dass schnelle Raubtiere ihre Beutetiere systematisch auf Schnelligkeit züchten. Dies gilt auch umgekehrt: Gazellen züchten Geparde auf Schnelligkeit, weil die schnellsten den größten Jagderfolg haben. Entsprechende Formen evolutionären Wettrüstens gibt es auch zwischen Krankheitserregern und ihren Wirten, deren Angriffs- und Verteidigungsmechanismen sich dabei ständig verbessern (Decaestecker et al. 2007). Evolutionäres Wettrüsten wiederum ist ein Spezialfall der Koevolution, die auch zu beiderseitigem Nutzen sein kann. Ein klassisches Beispiel sind Blüten und Insekten (Müller 1878). Da die Insekten die auffälligsten Blüten am leichtesten finden und bevorzugt besuchen, züchten sie große und bunte Blüten. Umgekehrt belohnen die Blüten bevorzugt die Insekten mit den besten Sinnesorganen.

Damit Gene «überleben» können, genügt es aber nicht, dass die Individuen überleben, sondern sie müssen sich auch fortpflanzen. Auch hier gibt es eine Auslese, die entweder durch den Kampf innerhalb eines Geschlechts oder durch die Wahl des anderen Geschlechts erfolgt (Gould & Gould 1989). Wenn beispielsweise die Weibchen einer Vogelart die Männchen mit den buntesten Federn oder mit dem melodischsten Gesang bevorzugen, dann können sich diese vermehren und ihre Gene werden sich durchsetzen. Hier also züchten die Weibchen die Männchen durch sexuelle Auslese (und umgekehrt).

Die Züchtung von Tieren und Pflanzen, die Partnerwahl bei Menschen und Tieren, das evolutionäre Wettrüsten zwischen Parasiten und ihren Wirten, die Koevolution zu beiderseitigem Nutzen und die Auslese durch die Umwelt unterscheiden sich lediglich dadurch, dass jeweils andere Faktoren das nichtzufällige Überleben der genetischen Varianten bestimmen und ob dies bewusst, instinktiv oder automatisch erfolgt. Der Mechanismus selbst ist identisch.

38. Welchen Nutzen hat der Pfauenschwanz?

Durch die natürliche Auslese werden im Laufe der Generationen nützliche Eigenschaften notwendigerweise häufiger und schädliche seltener. Warum aber gibt es dann die bunten Gefieder der Paradiesvögel, die riesigen Geweihe der Hirsche und die grellroten Gesäße der Paviane? Warum singen Amseln bis zur Erschöpfung, warum bauen Webervögel kunstvolle Nester? Sind diese Merkmale nicht eher nachteilig, da sie Raubtiere anlocken und Energien verschwenden?

Schon Darwin hatte erkannt, dass schöne Federn und laute Gesänge durch die sexuelle Auslese entstehen können, d. h. dadurch, dass die Weibchen Männchen mit diesen Eigenschaften bei der Partnerwahl bevorzugen. Damit war aber noch keine Erklärung dafür geben, *welche* Eigenschaften von den Weibchen als schön und begehrenswert empfunden werden und welchen Nutzen sie aus ihren oft extravaganten Vorlieben ziehen. Grundsätzlich sollte ein Tier bei der Partnerwahl ein Interesse an guten Genen haben, denn schließlich hängt sein biologischer Erfolg nicht nur von der Zahl seiner Nachkommen ab, sondern auch von ihrer Qualität. Was aber haben ein verschwenderischer Federschmuck oder lauter Gesang mit guten Genen zu tun?

Da die sexuelle Auslese wie ein Markt mit Angebot und Nachfrage funktioniert, kommt es nicht nur auf die Qualität des Produktes an, sondern auch auf geschicktes Marketing. Entsprechend handelt es sich beim spektakulären Aussehen und Verhalten der Männchen vieler Tierarten um nichts anderes als um Werbung für ein Produkt – die Gene seiner Träger. Die Tendenz zu besonders extravaganten Präsentationen und Luxusbildungen lässt sich dadurch erklären, dass eine Demonstration der körperlichen und geistigen Leistungsfähigkeit umso überzeugender wirkt, je schwieriger und aufwändiger sie ist

(Handikap-Prinzip; Zahavi 1975). Nur dann ergeben sich Unterschiede zwischen den Individuen und aussagekräftige Kriterien für die Partnerwahl.

Riskante und verschwenderische Merkmale und Verhaltensweisen sind also kein ungewollter Nebeneffekt sexueller Wahl, sondern ihr Nutzen besteht darin, dass sie schwer zu fälschende Signale bereitstellen. Sie demonstrieren, dass ein Tier so lebenskräftig und gesund ist, dass es sich auch überflüssige Luxusbildungen leisten kann, und ergänzen die direkten Anzeichen für Gesundheit und Vitalität.

39. Warum ist es so schwer, die sexuelle Fortpflanzung zu erklären? Es ist relativ einfach, ihre Vorteile zu benennen. Für eine evolutionäre Erklärung genügt dies aber nicht, sondern hierfür muss auch gezeigt werden, dass der Nutzen eines Merkmals seine Kosten übersteigt. Nur dann wird es sich durchsetzen. Die sexuelle Fortpflanzung ist aber eine wenig effektive und störungsanfällige Art der Vermehrung. Um einen geeigneten Partner zu finden und von sich zu überzeugen, müssen Tiere oft beträchtliche Anstrengungen auf sich nehmen und große Risiken eingehen. Ist dies gelungen, muss die Rekombination der beiden Genome fehlerfrei erfolgen, ohne dass es eine Gewähr dafür gibt, dass die Nachkommen eine günstige Mischung an Genen aufweisen.

Aus Sicht der Weibchen kommen noch zwei weitere gravierende Nachteile hinzu: Ein Weibchen kann mit jedem Nachkommen nur 50 Prozent seiner Gene weitergeben, während es bei asexueller Reproduktion 100 Prozent sind. Und es kann sich bei sexueller Fortpflanzung deutlich langsamer vermehren, da durchschnittlich jedes zweite Junge ein Männchen ist, das selbst keine Nachkommen austrägt, aber Nahrung und andere Ressourcen benötigt. Diese Nachteile werden abgeschwächt, wenn sich die Männchen mit um den Nachwuchs kümmern, wenn sie beispielsweise Nahrung beschaffen oder die Eier ausbrüten. Bei vielen Tierarten tragen die Männchen aber abgesehen von der Befruchtung nichts Konstruktives bei, sie gehen ihrer eigenen Wege oder konkurrieren mit den Weibchen sogar noch um dringend benötigte Nahrung.

Verglichen mit der asexuellen Reproduktion, bei der es zur identischen Verdopplung kommt, indem die Mutterpflanze beziehungsweise das Weibchen eineiige Zwillinge (Klone) von sich selbst produziert, sind die Kosten der Sexualität also beträchtlich (Williams 1975;

Maynard Smith 1978). Und so entstanden in der Evolution eine ganze Reihe von Tierarten (und viele Pflanzen), die sich asexuell, d. h. ohne Männchen, vermehren können. Die Eizellen der Weibchen entwickeln sich dabei, ohne dass es vorher zur Befruchtung kommt. Beobachtet wurde dies bei Insekten wie Blattläusen, aber auch bei einigen Amphibien- und Reptilienarten (Rennechsen), bei Truthennen und Haien.

Asexuelle Fortpflanzung entsteht von Zeit zu Zeit bei einzelnen Arten, aber sie verschwindet auch relativ bald wieder. Unter bestimmten Umweltbedingungen ist sie kurzfristig von Vorteil, über längere Zeit aber der sichere Weg zum Aussterben. Von dieser Regel gibt nur eine wirkliche Ausnahme: die bdelloiden Rädertierchen. Dabei handelt es sich um eine artenreiche Gruppe mikroskopisch kleiner, wirbelloser Tiere (~ 1 mm), die überwiegend in feuchtem Moos und Boden anzutreffen sind. Sie sind sehr widerstandsfähig und können wochenlang extreme Temperaturen und völlige Austrocknung überstehen. Scharfsinnige genetische Untersuchungen haben gezeigt, dass die Bdelloidea ihre Männchen vor 80 Millionen Jahren abgeschafft haben und seither ohne Sexualität auskommen (Mark Welch & Meselson 2000).

Die meisten höheren Tiere und Pflanzen vermehren sich hingegen sexuell. Warum? Wenn Darwin recht hat, dann kann sich überflüssiger Luxus in der Evolution nicht auf Dauer halten. Welcher Vorteil aber ist mit der Existenz der Männchen und mit der sexuellen Fortpflanzung verbunden, der so groß ist, dass er die vielen Nachteile überwiegt?

40. Warum gibt es Männer?

Ist etwas allgegenwärtig, so birgt das die Gefahr, dass man die betreffende Sache für selbstverständlich und leicht erklärbar hält. So hat man lange übersehen, dass die Existenz des männlichen Geschlechts ein schwierig zu lösendes Rätsel darstellt. Es ist allgemein bekannt, dass Frauen und die Weibchen der meisten Tierarten ohne Befruchtung durch Männer beziehungsweise Männchen keinen Nachwuchs bekommen können. Aber warum ist dies so? Warum haben sich in der Evolution der meisten Tierarten physiologische Mechanismen herausgebildet, die verhindern, dass sich die Weibchen selbst reproduzieren?

Der Vorteil der sexuellen Fortpflanzung besteht höchstwahrscheinlich darin, dass das genetische Material durch die zufällige Verteilung väterlicher beziehungsweise mütterlicher Chromosomen auf die Nachkommen sowie durch den genetischen Austausch zwischen (homologen) Chromosomen durchmischt wird *(Crossing-over)*. Dadurch haben die Nachkommen jeweils eine neue, einzigartige Zusammensetzung von Genen (Weismann 1886). Die Sexualität wirkt wie eine genetische Lotterie, die in jeder Generation Gewinner und Verlierer produziert, da durch die Rekombination gute von schlechten Genen getrennt werden. Manche Individuen haben deshalb geringere Überlebens- und Reproduktionschancen, wodurch schädliche Mutationen entfernt werden. Andere Genkombinationen weisen eine höhere biologische Fitness auf und verbreiten sich. Und schließlich bringt die Durchmischung eine höhere Flexibilität mit sich, wodurch die Anpassung an neue Umweltbedingungen, Krankheitserreger und Parasiten erleichtert wird (*Science* 1998). Bei asexueller Reproduktion erben die Nachkommen alle – gute wie schlechte – Gene, und zu Veränderungen kommt es nur durch Mutationen.

Warum aber benötigen höhere Tiere und Pflanzen eine ständige genetische Durchmischung? Ein wichtiger Faktor ist das evolutionäre Wettrüsten mit Parasiten und Krankheitserregern (Hamilton et al. 1990). Diese haben sehr viel kürzere Generationenfolgen als ihre Wirte, dadurch können sie sich unter dem Einfluss der natürlichen Auslese schneller verändern. Da die vielzelligen Tiere und Pflanzen keine Chance haben, an diesem Punkt mitzuhalten, müssen sie eine andere Strategie einschlagen: Wenn in einer Population ständig genetisch unterschiedliche Individuen entstehen, dann erhöht sich die Chance, dass zumindest einige von ihnen den veränderten Krankheitserregern etwas entgegensetzen können. Aus Sicht der Weibchen und der Gene kann man die sexuelle Fortpflanzung also als eine Strategie auffassen, die beim Nachwuchs auf die maximale Quantität verzichtet, um die Chance auf höhere Qualität, beispielsweise bei der Resistenz gegen Krankheitserreger, zu wahren.

41. Warum altern und sterben wir?

Wenn die meisten Menschen an den Ergebnissen der Evolution etwas zu bemängeln haben, dann ist es die Tatsache, dass wir altern und sterben. Altern ist keine Krankheit, sondern Ausdruck der Tatsache, dass die körperlichen und geistigen Fähigkeiten nach dem dreißigsten Lebensjahr stetig abnehmen. Dies manifestiert sich in einer erhöhten Anfälligkeit für Krankheiten, in einer verminderten Fähigkeit zur Reparatur von Schäden und führt schließlich zu körperlichem Verfall und zum Tod. Jede Tierart hat eine typische Lebensspanne, die genetisch vorprogrammiert ist und nicht unbegrenzt verlängert werden kann. So haben die Fortschritte der Medizin zwar die durchschnittliche Lebensdauer (Lebenserwartung) erhöht, nicht jedoch die maximal erreichbare Lebensdauer.

Mit dem Alter nimmt auch die Reproduktionsfähigkeit kontinuierlich ab und kommt schließlich zum Erliegen. Ein Organismus, der nicht altert, könnte sich dagegen unbegrenzt fortpflanzen und hätte einen enormen Selektionsvorteil. Wenn das Altern aber die Fähigkeit, Nachkommen zu produzieren, so drastisch untergräbt, dann sollte man erwarten, dass die natürliche Auslese diesen Vorgang längst unterbunden hat. Warum ist dies nicht geschehen?

Wäre es möglich, dass das Altern und der Tod selbst Anpassungen sind? Dies würde bedeuten, dass ein Organismus besser für die Verbreitung seiner Gene sorgt, wenn er weniger leistungsfähig wird und schließlich stirbt, als wenn er weiterlebt. Der Zoologe August Weismann war dieser Ansicht und begründet die «Zweckmässigkeit des Todes» damit, dass «abgenutzte Individuen» schädlich für die Art sind, weil sie «Besseren den Platz wegnehmen» (1882: 31). Weismann hat sicher recht, dass die nachwachsenden Generationen kaum eine Chance hätten, wenn es den Tod nicht gäbe. Auch der evolutionäre Wandel wäre extrem verlangsamt, da er bei höheren Tieren und Pflanzen den Wechsel der Generationen voraussetzt. Der modernen Evolutionsbiologie zufolge entstehen Anpassungen aber nie zum Zweck der Arterhaltung, sondern nur wenn sie den Individuen und ihren Genen nützlich sind. Welchen Vorteil aber sollen diese aus dem Altern und dem Tod ziehen? Und warum nutzen Individuen überhaupt ab, d. h., warum altern sie? Zudem müsste das Sterben ein lustvoller Vorgang sein, wenn es die biologische Fitness des Individuums erhöhen würde.

Altern scheint also keine direkte Anpassung zu sein. Könnte es aber sein, dass seine Verhinderung Energien kostet, die an anderer Stelle effektiver eingesetzt werden können? Dieser Gedankengang wird leichter nachvollziehbar, wenn man ihn aus der Perspektive der Gene betrachtet: Ist es effektiver, Genverbreitungsmaschinen mit einer begrenzten Lebensdauer zu bauen und diese häufiger auszutauschen, oder ist es besser, langlebige Varianten herzustellen, die auf Sicherheit gehen und sich langsamer fortpflanzen? Diese Abwägung wird je nach der Lebensweise eines Tieres oder einer Pflanze anders ausfallen. Wenn beispielsweise viele Individuen Raubtieren oder Krankheiten zum Opfer fallen, wird die Strategie der Kurzlebigkeit von Vorteil sein (Williams 1957; Gluckman et al. 2007).

Die enge Beziehung zwischen Lebensweise und Lebensdauer lässt sich nicht nur beim Vergleich verschiedener Tierarten aufzeigen, sondern auch bei Unterschieden zwischen den Geschlechtern. Warum haben Männer eine kürzere Lebenserwartung als Frauen? Da der Reproduktionserfolg der Männchen bei vielen Arten von ihrer Überlegenheit im Konkurrenzkampf abhängt, wird ihr Körper primär für dieses Ziel und weniger für seine langfristige Erhaltung gebaut.

42. Ist die Evolution grausam? Es ist eine alte Menschheitsfrage, warum das Leben so viele leidvolle Aspekte bereithält. Die monotheistischen Religionen haben lange mit diesem Problem gerungen. Bis heute gibt es keine gute Antwort auf die Frage, warum ein allmächtiger und gütiger Gott die Übel und Unvollkommenheiten der Welt zulässt. Darwin hat den göttlichen Schöpfer der Lebewesen durch die Evolution ersetzt, mit der Folge, dass die Evolutionstheorie viele naturphilosophische und theologische Probleme geerbt hat. Da die Evolution ein unpersönlicher Naturvorgang ist, kann es im Gegensatz zum religiösen Weltbild nicht um eine moralische Rechtfertigung (Theodizee) gehen. Das Problem der Evodizee, die Frage, warum Organismen leiden, hat sich damit aber nicht erledigt.

Dass das Leiden ein integraler Bestandteil des Lebens ist, hat der englische Evolutionsbiologe Richard Dawkins (* 1941) eindrucksvoll beschrieben: «Die gesamte Summe des Leidens pro Jahr in der Natur ist jenseits jeder achtbaren Überlegung. In der Minute, die ich benötige, um diesen Satz zu verfassen, werden Tausende von Tieren bei lebendigem Leibe aufgefressen; andere wimmern vor Angst, während sie um ihr Leben laufen; andere werden langsam von innen heraus durch nagende Parasiten verzehrt; Tausende jeder Art verhungern, verdursten und sterben an Krankheiten» (1995: 154).

Die Antwort der Evolutionsbiologie auf die Frage, warum es die vielfältigen Formen des Leidens gibt, unterscheidet sich nicht von der nach dem Zweck anderer Merkmale. Man muss davon ausgehen, dass Schmerz und andere Formen der Unlust Anpassungen sind. Organismen, die in der Lage waren, bestimmte Reize als unangenehm zu empfinden, hatten einen Selektionsvorteil. Dass dies in der Tat der

Fall ist, zeigt das Beispiel von Menschen, die keinen Schmerz empfinden. Diese genetische Erkrankung kommt sehr selten vor, und Individuen, die unter ihr leiden, sterben meist vor dem dreißigsten Lebensjahr (Cox et al. 2006). Schmerzen, Angst und andere Formen von Unwohlsein sind Schutzmechanismen. Sie sollen verhindern, dass wir uns in Gefahr bringen oder schädigen. Dies gilt auch für seelische Schmerzen, für Angst, Trauer, Verzweiflung und Depression. Auch das sind biologische Warnsignale, die uns zeigen, dass wir uns in einer Situation befinden, die unseren Interessen (bzw. denen unserer Gene) zuwiderläuft. All dies bedeutet jedoch nicht, dass jeder körperliche oder psychische Schmerz zweckmäßig ist. Anpassungen sind nie perfekt. Bei bestimmten Krankheiten wie bei Krebs verlieren Schmerzen ihre Funktion, da der Körper sich nicht sinnvoll wehren kann. Es gibt auch Fälle, in denen das Schmerzsystem selbst fehlerhaft arbeitet und Schmerzen meldet, obwohl die Ursache längst beseitigt ist (chronisches Schmerzsyndrom).

Leiden ist also ein notwendiger Aspekt des Lebens, aber es ist nicht, wie Arthur Schopenhauer (1788–1860) vermutet hatte, «die wahre Bestimmung» des ganzen menschlichen Daseins (1844: 744). Lust und Unlust sind in der Evolution entstandene Signale, mit denen uns unsere Gene sagen, wie wir uns zu verhalten haben. Und wenn wir mit der Lust-Unlust-Bilanz unseres Lebens unzufrieden sind, dann ist auch dies nichts anderes als ein Gefühl der Unlust und ein Anreiz, Anstrengungen zur Verbesserung unserer Situation zu unternehmen.

43. Warum haben die fittesten Organismen nicht immer die größte Fitness?

«Fitness» ist ein Modewort. Um im Beruf, im Alltag und in der Freizeit leistungsfähig und belastbar zu sein, müssen wir fit sein. Dazu gehen wir ins Fitnessstudio, bewegen uns an der frischen Luft, ernähren uns ausgewogen und versuchen ganz allgemein, gesund zu leben. Im allgemeinen Sprachgebrauch bedeutet «Fitness» also körperliche und geistige Leistungsfähigkeit.

Bei Darwin steht «fit» dagegen für angepasst: Diejenigen Organismen, die «am besten an ihren Platz in der Natur angepasst sind [‹are best fitted›], werden die meisten Nachkommen hinterlassen» (1859: 739). In diesem Sinne wurde auch Herbert Spencers (1820–1903) Ausdruck «survival of the fittest» verstanden. Er sollte besagen, dass die am besten angepassten Individuen am ehesten überleben und sich fortpflanzen (1864: 444–45). Auf den ersten Blick könnte man nun annehmen, dass die leistungsfähigsten Individuen auch die am besten angepassten sind. Ganz falsch ist das nicht, denn kränkliche oder schwache Tiere und Pflanzen werden schlechter überleben und sich auch schlechter fortpflanzen. Es ist aber auch nicht ganz richtig, da Leistungsfähigkeit immer mit Kosten verbunden ist und es auf die Lebensweise und Umwelt eines Organismus ankommt, ob die Vorteile den Aufwand überwiegen. Parasiten etwa können häufig auf einen komplexen Körperbau und geistige Regsamkeit verzichten. Parasitisch lebende Sackkrebse *(Sacculina)* beispielsweise sind mit Krebsen verwandt, aber ihr Körper besteht nur noch aus einem ungegliederten Sack mit Keimdrüsen und Gehirn sowie einem pilzartigen Wurzelgeflecht, das das Innere der befallenen Krabben durchzieht und der Ernährung des Parasiten dient (Zimmer 2000).

Wenn aber Fitness im Sinne von Angepasstheit nicht unbedingt etwas mit Fitness im Sinne von körperlicher und geistiger Leistungsfähigkeit zu tun hat, wie kann man sie dann definieren? Da die am besten angepassten Organismen in der Regel auch die meisten Nachkommen haben, definierte man «Fitness» als Fortpflanzungserfolg. Damit hatte man sich aber völlig von der ursprünglichen Bedeutung des Wortes entfernt (Dawkins 1982: 179–94).

Fitness im Sinne von Leistungsfähigkeit ist zwar meistens eine wichtige Voraussetzung für biologische Fitness, d. h. für Fortpflanzungserfolg, aber dies gilt eben nicht generell, und manchmal kann auch das Gegenteil der Fall sein. Besonders emotional wurde dieses Problem in Bezug auf die modernen Lebensbedingungen der Menschen diskutiert. Haben die kräftigsten, gesündesten, intelligentesten und unternehmungslustigsten Individuen auch die meisten Kinder (die größte biologische Fitness), oder können wir nicht eher das Gegenteil beobachten? Das Wort «Fitness» jedenfalls bedeutet unterschiedliche Dinge. In der Evolutionsbiologie steht es ausschließlich für den relativen Fortpflanzungserfolg eines Individuums oder einer genetischen Variante (Allel), verglichen mit anderen Individuen oder Allelen.

Was Darwin noch nicht wusste

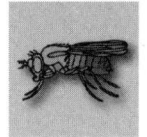

44. Was sind Arten? Schon die Jäger und Sammler der Altsteinzeit wussten aus Erfahrung, dass es bei Tieren und Pflanzen keine beliebigen Übergangs- und Mischformen gibt, sondern dass sie als deutlich abgegrenzte Sorten vorkommen. Die Naturforscher der Neuzeit nannten diese Sorten dann «Arten» und glaubten, dass es sich dabei um die Grundeinheiten der belebten Natur handelt. Arten sollten nicht nur eindeutig unterscheidbar, sondern auch unveränderlich sein. Im Einklang mit den religiösen Überlieferungen nahm man zudem meist an, dass die Arten mit ihren charakteristischen Eigenschaften von einem höheren Wesen erschaffen worden waren.

Mit der Evolutionstheorie schienen nun alle diese Überzeugungen hinfällig zu sein. Wenn Darwin recht hatte, dann sind die Organismen allmählich durch einen blinden Naturmechanismus entstanden, und ihre Eigenschaften unterliegen einem ständigen und unbegrenzten Wandel. War es in dieser Situation überhaupt noch sinnvoll, von Arten zu sprechen? Das Wort selbst könne man ja beibehalten, meinte Darwin, aber man solle sich darüber im Klaren sein, dass «die Bezeichnung ‹Art› aus Bequemlichkeit einer Reihe von Individuen willkürlich gegeben wird, die einander sehr ähnlich sind» (1859: 52).

Diesem Vorschlag konnten und wollten viele Naturforscher, auch solche, die von der Richtigkeit der Evolutionstheorie überzeugt waren, nicht folgen. Zumindest bei höheren Tieren wie Vögeln und Säugetieren ließen sich in der Regel eindeutige Artgrenzen beobachten. Es gab meistens keine Mischformen, oder diese waren unfruchtbar, wie die aus der Kreuzung von Pferd und Esel hervorgehenden Maultiere. Wie aber ließ sich die offensichtliche Existenz getrennter Arten mit dem bruchlosen Fluss der Evolution in Einklang bringen?

Eine überzeugende Antwort gab der deutschamerikanische Ornithologe Ernst Mayr (1904–2005) mit dem biologischen Artbegriff. Die Evolutionstheorie hatte ja nur die getrennte Entstehung und die Unveränderlichkeit der Arten bestritten, nicht aber ihre Abgeschlossenheit anderen Arten gegenüber. Legt man dieses Kriterium zugrunde, dann lassen sich Arten als Fortpflanzungsgemeinschaften (Populationen) definieren: Zu einer Art gehören alle Organismen, die sich unter natürlichen Bedingungen miteinander fortpflanzen (Mayr 1942: 120). Innerhalb einer Art kommt es durch die sexuelle Fort-

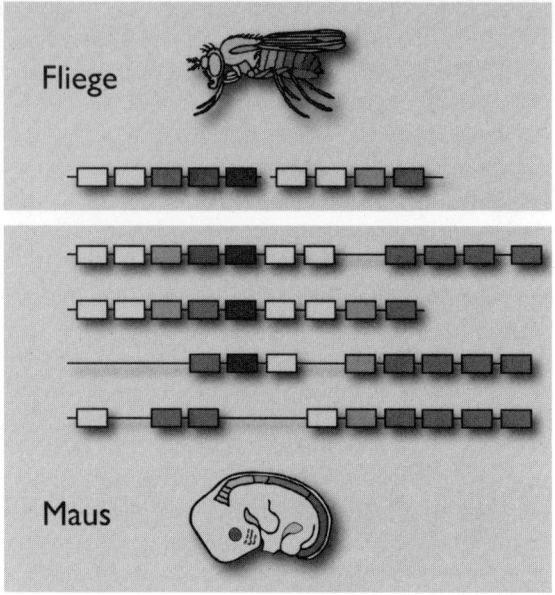

Der Bauplan von Insekten und Säugetieren wird durch übereinstimmende (Hox-)Gene hervorgerufen, was ein Hinweis auf die Abstammung aller vielzelligen Tiere von einem gemeinsamen Vorfahren ist.

pflanzung zu einer kontinuierlichen Durchmischung der Gene (Genpool); nach außen, anderen Arten gegenüber, ist dieser Austausch, der Genfluss, unterbrochen.

Evolutionär gesehen, ist die Entstehung genetisch isolierter Populationen von außerordentlicher Bedeutung: Erst in dem Moment, in dem eine Gruppe von Organismen einen abgeschlossenen Genpool bildet (zur Art wird), können sich spezielle Anpassungen entwickeln. Und so hat man zu Recht darauf verwiesen, dass Arten in gewisser Weise Individuen sind: Sie lassen sich in Raum und Zeit lokalisieren, haben äußere Grenzen und einen inneren Zusammenhalt (Hull 1976).

45. Wie entstehen neue Arten? Arten entstehen immer aus bereits existierenden Arten, indem diese sich aufspalten und Tochterarten bildet. Aus molekularen Daten kann man beispielsweise ableiten, dass sich vor rund 325 Millionen Jahren eine den heutigen Eidechsen ähnliche Art aufspaltete und ihr ursprünglich gemeinsamer Genpool sich irreversibel teilte. Aus einer der Tochter-Populationen entstanden die Dinosaurier und Vögel, aus der anderen die Säugetiere (Hedges & Kumar 2009). Wir wissen nicht, wo und wie sich dieses zu seiner Zeit völlig unauffällige Ereignis abspielte, das so weitreichende Folgen zeitigen sollte. Man kann aber sehr genau zeigen, warum es heute zur Aufspaltung von Arten kommt, da sich alle Übergangsformen von einer einheitlichen Population bis zur irreversiblen Trennung in der Natur beobachten lassen. Und es gibt keinen Grund anzunehmen, dass dies vor 300 Millionen Jahren anders war.

Wie Ernst Mayr in den 1940er Jahren zeigte, ist die mit Abstand allgemeinste und wichtigste Ursache der Artbildung die dauerhafte Trennung zweier Populationen einer Art durch eine geographische Barriere (allopatrische Speziation). Entsteht ein solches Hindernis, dann sammeln sich in den getrennten Populationen abweichende Mutationen an. Irgendwann sind die genetischen Unterschiede so groß, dass es nicht mehr zu erfolgreicher Paarung kommt, wenn die geographische Barriere wegfällt – aus einer Ursprungsart sind zwei Tochterarten geworden (Mayr 1942: 155). Was dabei als Barriere wirkt, hängt auch von der Fähigkeit eines Organismus ab, Entfernungen zu überwinden. Für einen Süßwasserfisch kann ein einzelner See eine abgeschlossene «Insel» sein, für einen Vogel ein ganzer Kontinent.

Die natürliche Auslese spielt bei der Artbildung nur eine untergeordnete Rolle. Wenn die Umweltbedingungen auf beiden Seiten der Barriere differieren und es zu unterschiedlichen Anpassungen kommt, werden genetische Abweichungen schneller entstehen. Notwendig ist dies aber nicht, sondern die rein zufällige Ansammlung von Mutationen genügt, um die Populationen auseinanderdriften zu lassen. Der entscheidende Punkt ist, dass sich Isolationsmechanismen ausbilden, d. h. genetische Eigenschaften, die eine erneute Vermischung verhindern. Das Spektrum reicht hier von gestörter Befruchtung über die Sterilität der Mischlinge bis hin zu abweichenden Signalen bei der Partnerwahl (Mayr 2001: 174–87; Coyne & Orr 2004).

Ob es sich bei zwei Populationen um Arten handelt, kann man nur sicher sagen, wenn diese aufeinandertreffen. Kommt es dann zur Vermischung, dann waren es keine Arten, sondern Varietäten einer Art. Besteht die geographische Barriere weiter, versucht man, aus indirekten Indizien, aus Unterschieden der Lebensweise, des Körperbaus oder des Verhaltens, auf die genetische Divergenz zu schließen. Bei vielen natürlich vorkommenden Arten ist die Situation also alles andere als eindeutig; es gibt viele zweifelhafte Fälle. Spricht dies gegen den biologischen Artbegriff? Nein, sondern die Existenz von Grauzonen bei der Artbildung ist zu erwarten, wenn Darwins These stimmt, dass der genetische Wandel und damit die Evolution im Allgemeinen meistens allmählich erfolgen.

46. Wie lange dauert es, bis eine neue Art entstanden ist? Eines der berühmtesten Beispiele für Artbildung sind die Darwin-Finken, die als einheitliche Population begannen, sich auf den verschiedenen Galapagosinseln über Millionen Jahre auseinanderentwickelten und schließlich zu dreizehn Arten wurden. Zur Entstehung neuer Arten kommt es also, so könnte man vermuten, nur nach langen Zeiten der Isolation. Für diese Einschätzung sprechen auch Fossilfunde, die dokumentieren, dass sich manche Organismen zumindest äußerlich über viele Millionen Jahre kaum verändern. Und schließlich ergab sich erst kürzlich bei genetischen Untersuchungen an Eidechsen auf Martinique, dass Populationen, die für acht Millionen Jahre geographisch getrennt waren, nicht zu unterschiedlichen Arten geworden sind (Thorpe et al. 2010).

Dass die Artbildung aber auch sehr viel schneller abgeschlossen sein kann, zeigt das Beispiel der Buntbarsche. Der ostafrikanische Victoriasee ist erst vor rund 100 000 Jahren entstanden. Wie genetische Untersuchungen gezeigt haben, sind die dort vorkommenden 300 bis 500 Arten von Buntbarschen in diesem Zeitraum aus einer einzigen Gründer-Population hervorgegangen. Zur Bildung neuer Arten kam es hier also geradezu explosiv, innerhalb weniger tausend Jahre (Verheyen et al. 2003). Allerdings haben sich bei den Buntbarschen eine Reihe fördernder Faktoren in ihrer Wirkung verstärkt. Wie die Finken der Galapagosinseln haben sie sich häufig an spezielle ökologische Nischen angepasst. Erleichtert wird dies durch die anatomische Besonderheit eines zweiten Kieferpaares, das sehr variabel ist und eine schnelle Anpassung an veränderte Nahrungsbedingungen erlaubt. Weitere beschleunigende Faktoren sind das Brutpflegeverhalten – viele Buntbarsche brüten ihre Eier im Maul aus – sowie die sexuelle Auslese. Bei den Buntbarschen sind die Männchen oft sehr charakteristisch gefärbt, und die Weibchen bevorzugen ganz bestimmte Farbvarianten.

Bei der Geschwindigkeit der Artbildung gibt es unverkennbar Extreme. Lässt sich trotz allem ein durchschnittlicher Wert für bestimmte Tiergruppen angeben? Statistische Erhebungen zeigen, dass die Artbildung bei Säugetieren zumeist in einem engeren Zeitkorridor, zwischen einer halben und wenigen Millionen Jahren, erfolgt. Nehmen wir als Beispiel die Menschen. Die nächste lebende Verwandten-Art sind die Schimpansen. Zur Trennung kam es vor fünf bis sieben Millionen Jahren; eine fruchtbare Kreuzung ist nicht mehr möglich. Auch zu unseren vor drei bis vier Millionen Jahren lebenden Vorfahren, den Schimpansen-ähnlichen Australopithecinen, wären die genetischen Unterschiede wohl zu groß gewesen. Auf der anderen Seite sind alle heute lebenden Menschen untereinander fruchtbar. Dies ist insofern zu erwarten, als die gemeinsame Vorfahren-Population erst vor rund 100 000 bis 200 000 Jahren lebte. Im Grenzbereich liegen die Neandertaler. DNA-Analysen zufolge kam es vor rund 660 000 Jahren zur Abspaltung von den Vorfahren der modernen Menschen. Vermischungen der beiden Linien scheinen dann vor etwa 30 000 Jahren stattgefunden zu haben. Allerdings deuten neuere genetische Untersuchungen darauf hin, dass diese eher selten erfolgten (Green et al. 2010). Moderne Menschen und Neandertaler waren also auf dem Weg zu getrennten Arten, aber dieser Prozess war noch nicht vollständig abgeschlossen.

47. Wie hat die Erfindung der Sexualität die Evolution verändert?

Ohne die sexuelle Fortpflanzung gäbe es keine Populationen, keine Gruppen aus vielen Individuen mit einem gemeinsamen Genpool, also keine biologischen Arten im oben definierten Sinn. Die überwiegende Mehrzahl der höheren Tiere und Pflanzen reproduziert sich sexuell und bildet Arten, aber auch hier gibt es Ausnahmen. Bakterien vermehren sich sogar ausschließlich asexuell, indem sie sich teilen. Nach der Entstehung des Lebens vor etwa vier Milliarden Jahren gab es zunächst ausschließlich Prokaryoten (Bakterien und Archaea). Erst vor rund 2,6 Milliarden Jahren entstanden die ersten Eukaryoten, einzellige Lebewesen mit einem Zellkern und Chromosomen, die auch die sexuelle Fortpflanzung erfanden (Wilkins & Holliday 2009). Aus den Eukaryoten gingen nach einer weiteren Milliarde von Jahren die vielzelligen Tiere und Pflanzen hervor.

Wenn es bei Bakterien aber keine Populationen und mithin keine echten Arten gibt, was gibt es dann? Bakterien und andere sich asexuell vermehrende Organismen bilden Klone, ihre Nachkommen sind genetisch identisch. Durch Mutationen entstehen genetische Varianten und damit neue Klone, die von der natürlichen Auslese auf ihre Lebenstauglichkeit überprüft werden. Da nicht alle genetischen Varianten gleichermaßen vorteilhaft sind, entstehen Lücken zwischen den erfolgreichen Klonen. Unterscheiden sich Gruppen ähnlicher Klone genügend von anderen Klongruppen, nennt man sie Arten, obwohl sie etwas völlig anderes sind als die Arten der höheren Tiere und Pflanzen. Auch der Mechanismus der Artbildung bei Bakterien durch Mutationen und Aussterben der dazwischenliegenden Klone unterscheidet sich grundlegend von dem bei höheren Tieren und Pflanzen durch geographische Barrieren und die Ausbildung von Isolationsmechanismen.

Die Erfindung der sexuellen Fortpflanzung vor wahrscheinlich mehr als einer Milliarde Jahren durch einzellige Eukaryoten veränderte also die Evolution in entscheidender Weise. Der Darwin'sche Grundmechanismus aus erblicher Variabilität und Selektion blieb zwar gleich, aber die Art und Weise, wie die genetischen Varianten organisiert sind, wandelte sich grundlegend. Nun suchte nicht mehr jeder Klon als Einzelkämpfer seinen Erfolg, sondern viele Tausende, oft Millionen und Milliarden von Individuen einer Art bildeten einen gemeinsamen Genpool. Statt einzelner Abstammungslinien evolvierten nun ganze Populationen. Aus der Perspektive der Gene bedeutet dies, dass sie nicht mehr nur mit den anderen Genen in einem Körper zusammenarbeiten müssen, sondern potentiell mit allen Genen im Genpool einer Art. Damit wurde die Kooperation der Gene in noch viel stärkerem Maße notwendig und gefördert. Durch die sexuelle Fortpflanzung entstanden also neue Einheiten der Evolution – Populationen (Arten) – mit einer unverwechselbaren und einzigartigen evolutionären Geschichte und Zukunft.

48. Wie wird der Genpool aufgefüllt? Durch die natürliche Auslese werden nachteilige erbliche Eigenschaften seltener und verschwinden schließlich. Dadurch nimmt die genetische Vielfalt im Genpool einer Population kontinuierlich ab, mit der Folge, dass die Evolution früher oder später zum Erliegen kommen würde, gäbe es keinen Mechanismus, der neue Varianten produziert. Darwin und die Naturforscher seiner Zeit hatten noch in vielerlei Hinsicht falsche Vorstellungen darüber, wie erbliche Varianten entstehen. Anfang des

20. Jahrhunderts begann man den zugrunde liegenden Mechanismus besser zu verstehen und nannte ihn «Mutation». Aber erst nach der Aufklärung der Struktur des Erbmaterials (DNA) in den 1950er Jahren wurde klar, was genau sich bei einer Mutation verändert.

Unter dem Begriff «Mutation» fasst man heute verschiedene erbliche Veränderungen der DNA zusammen, die in ihrem Ausmaß, in ihren Ursachen und in ihren Folgen für die Organismen stark differieren. Die häufigsten Veränderungen sind sogenannte Punktmutationen, bei denen einzelne oder wenige DNA-Bausteine (Nucleotide) ausgetauscht werden. Sind mehrere Gene oder größere Abschnitte auf den Chromosomen betroffen, spricht man von Chromosomenmutationen, ist die Zahl der Chromosomen verändert, von Genommutationen. Mutationen können durch verschiedene physikalische und chemische Umweltreize ausgelöst werden, beispielsweise durch Strahlung oder mutagene Substanzen. Sie können aber auch durch Fehler bei der Zellteilung entstehen, durch springende Elemente der DNA (Transposons), durch Viren, die ihr Erbmaterial in die DNA ihrer Wirte einbauen, und durch die Übertragung von DNA-Abschnitten von einem Organismus zum anderen. Letzteres, der sogenannte horizontale Gentransfer, kommt vor allem bei Bakterien häufig vor und hat auch deshalb große Bedeutung, weil sich auf diese Weise Antibiotikaresistenzen verbreiten (Ochman et al. 2000).

Aus evolutionärer Perspektive sind drei Punkte bei der Entstehung der Mutationen besonders interessant: 1. Mutationen sind in Bezug auf die Bedürfnisse der Organismen zufällig. Ob sie sich als nützlich, neutral oder schädlich erweisen, stellt sich erst nachträglich heraus. 2. Die Häufigkeit von Mutationen hängt auch von der Effektivität der Reparaturmechanismen in den Zellen ab. Diese variiert zwischen den biologischen Arten, da sich je nach Lebensweise und Lebensdauer eines Organismus ein anderes Gleichgewicht zwischen Beständigkeit und Veränderlichkeit als vorteilhaft erwiesen hat. Die DNA muss stabil sein, und ihre Verdopplung muss möglichst fehlerfrei erfolgen, damit die evolutionären Erfahrungen ohne größeren Informationsverlust weitergegeben werden. Sie muss aber auch veränderlich sein, damit neue genetische Informationen entstehen und angesammelt werden können. Die Effektivität der Reparaturmechanismen ist also Ausdruck eines Designkompromisses, der von der natürlichen Auslese optimiert wird. 3. Wenn es durch Strahlung oder Umweltgifte zu Mutationen in den (somatischen) Körperzellen kommt, kann dies zu Krebs und anderen dramatischen Folgen für den Organismus führen. Da die mutierten Körperzellen mit dem Tod des Individuums untergehen, hat dies aber keine evolutionären Folgen. In den Genpool einer Population können nur Mutationen übergehen, die in den Keimbahnzellen (Ei- und Samenzellen) erfolgen, und auch nur, wenn aus ihnen ein neuer Organismus heranwächst.

49. Sind Mutationen immer schädlich?   Kommt es zu Mutationen in den Ei- oder Samenzellen eines Organismus, so hat dies unterschiedliche Folgen für seine Nachkommen. Die Mutation kann ein Merkmal nachteilig verändern. Es ist aber auch möglich, dass die Veränderung neutral ist, d. h. weder nützt noch schadet. Und schließlich kann es sein, dass die Mutation mit Vorteilen verbunden ist.

Wie der japanische Populationsgenetiker Motoo Kimura (1924–1994) im Jahr 1968 gezeigt hat, sind neutrale Mutationen die mit Abstand größte Gruppe. Bis dahin war man davon ausgegangen, dass Mutationen entweder vorteilhaft oder mehr oder weniger schädlich sind und dementsprechend durch die Selektion in ihrer Häufigkeit zu- oder abnehmen. Warum sind die meisten Mutationen neutral? Der Grund ist, dass ein großer Teil der DNA (über 50 Prozent bei höheren Tieren und Pflanzen) keine Gene enthält und nicht in Proteine übersetzt wird. Mutationen außerhalb von Genen wirken sich aber nicht oder nur geringfügig aus. Dies gilt auch für Pseudogene, d. h. für ehemals aktive Gene, die keine Funktion mehr haben. Auch bei aktiven Genen sind viele Mutationen neutral, wenn sie die Reihenfolge der Aminosäuren des jeweiligen Proteins nicht verändern (synonyme Substitutionen) oder wenn die Änderung keine Auswirkung auf die Funktion des Proteins hat.

Wie sieht es bei den nichtneutralen Mutationen aus? Sind diese eher nützlich oder schädlich? Auch hier ist die Antwort eindeutig: Mutationen sind in der Regel nachteilig und führen nur in seltenen Fällen zur Verbesserung von Funktionen. Der Grund ist, dass Organismen und ihre genetische Ausstattung komplexe, über lange Zeit optimierte Systeme sind, die viel leichter gestört als verbessert werden können. Es ist vergleichsweise unwahrscheinlich, dass die zufällige und ungeplante Mutation eines Gens dessen Funktion zum Positiven verändert. Es kommt aber vor, sonst gäbe es keine progressive Evolution. Mutationen allein führen auch zur Evolution, aber nur wenn die seltenen vorteilhaften Mutationen durch die Selektion angehäuft werden, entstehen komplexere zweckmäßige Merkmale (Anpassungen).

Welche Folgen hätte es, wenn die Mutationsrate bei Menschen durch radioaktive Strahlung oder mutagene Substanzen erhöht würde? Da die meisten Mutationen den Körper betreffen, würden Krebserkrankungen zunehmen und die Lebenserwartung würde sinken. Da auch die Keimbahnmutationen überwiegend schädlich sind, würden viele Embryonen absterben oder die betroffenen Kinder hätten gesundheitliche Probleme. Nur ein verschwindend geringer Teil der Mutationen wäre vorteilhaft und würde den nachfolgenden Generationen Vorteile verschaffen. Durch eine erhöhte Mutationsrate wird sich also die Evolutionsgeschwindigkeit erhöhen, aber der Preis wäre enormes Leid der jetzt lebenden Menschen und der meisten ihrer Kinder.

50. Wie entstehen neue Gene? Es gibt Bakterien, denen wenige hundert Gene zum Überleben genügen. Menschen dagegen benötigen rund 21 000 Gene, wie neuere Schätzungen besagen. In dieser Größenordnung liegen auch die Genome der meisten anderen höheren Tiere und Pflanzen. Woher kommen die neuen Gene?

Die meisten Gene entstehen durch Verdoppelung bereits existierender Gene. Das neue Gen wird dabei zunächst dieselbe Funktion erfüllen wie das Ursprungsgen. Da es aber nicht überlebensnotwendig ist, können sich Mutationen ansammeln, so dass das von ihm kodierte Protein im Laufe der Zeit neue Eigenschaften bekommt. Die Verdoppelung von Genen führt also zur Arbeitsteilung zwischen verwandten Genen; sie stellt dem Organismus ein Experimentierfeld bereit, auf dem neue Funktionen ohne das Risiko fataler Ausfälle getestet werden können. Nicht alle Experimente sind erfolgreich, und in der Tat enthalten die Genome zahlreiche inaktive (Pseudo-)Gene, die durch Verdoppelung entstanden und auf eine Weise mutiert sind, die keine sinnvolle neue Funktion ermöglicht. Es ist jedoch nicht ausgeschlossen, dass Pseudogene zu einem späteren Zeitpunkt, nach weiteren Mutationen, wieder eine Funktion übernehmen können. Sie stellen eine Art evolutionäres Ersatzteillager dar und werden vermutlich aus diesem Grund nicht aus dem Genom entfernt, obwohl ihre Weitergabe wertvolle Ressourcen und Energie erfordert.

Gene können einzeln verdoppelt werden oder dadurch, dass das gesamte Genom sich verdoppelt. Letzteres ist bei Tieren äußerst selten, hat aber, wenn es vorkommt, große evolutionäre Konsequenzen (van de Peer et al. 2009). Ein faszinierendes Beispiel sind die sogenannten Hox-Gene, die den grundlegenden Bauplan der Tiere, die Reihenfolge der Körpersegmente und die Einteilung in Kopf und Rumpf bestimmen. Die wirbellosen Tiere, Insekten beispielsweise, haben nur einen einzigen Cluster (eine Gruppe) aus 13 Hox-Genen. Dies war auch bei den Vorfahren der Wirbeltiere der Fall. Bei Säugetieren finden sich vier entsprechende Cluster, bei denen einzelne Hox-Gene verloren gegangen sind, die hinsichtlich Reihenfolge und Art der Hox-Gene aber völlig übereinstimmen (Erwin et al. 1997). Dies ist einer der Hinweise darauf, dass es in der Evolution der Wirbeltiere zwei Genomverdoppelungen gab, durch die die größere anatomische und funktionelle Komplexität der höheren Tiere möglich wurde. Allgemein entstanden durch Genverdopplungen in der Evolution Genfamilien, deren Stammbaum sich mit molekularen Methoden rekonstruieren lässt und an denen die gemeinsame Abstammung aller Tiere und letztlich aller Lebewesen abzulesen ist.

Die Vorteile der Genverdoppelung liegen auf der Hand, aber dieser Mechanismus setzt bereits existierende Gene voraus. Bei der Entstehung des Lebens hingegen müssen sich die ersten Gene auf andere Weise gebildet haben. Dass dies möglich ist, zeigen neuere genetische Untersuchungen. So ließ sich bei Mäusen ein Gen identifizieren, das vor 2,5 bis 3,5 Millionen Jahren durch Mutationen aus einem Abschnitt der DNA entstand, auf dem sich keine Gene befunden hatten (Heinen et al. 2009).

51. Kann man die Geschwindigkeit der Evolution messen? Geschwindigkeit ist Wegstrecke pro Zeiteinheit. In der Evolution geht es aber nicht um die Bewegung im Raum, sondern um andere Arten von Veränderungen. Da ist zum einen die Entstehung der Vielfalt, die Artbildung. Entsprechend kann man die Geschwindigkeit der Evolution als Artaufspaltungen pro Zeiteinheit angeben. Die Werte können je nach Tier- und Pflanzengruppe stark variieren; für Säugetiere liegt er bei etwa 0,2–2 Artaufspaltungen pro Million Jahre. Und es gibt den evolutionären Wandel einer Art (phyletische Evolution). Nimmt man beispielsweise die Verlängerung der Beine der Pferde stellvertretend als Maß für ihre Evolution, dann lässt sich die Geschwindigkeit in cm/Million Jahre angeben. Beinlänge ist aber nur eines von vielen Merkmalen; ebenso gut könnte man die Veränderung der Zähne oder des Verdauungsapparates als Maß zugrunde legen. Versuche, die Geschwindigkeit der Evolution anhand eines oder weniger äußerer Merkmale abzuschätzen, waren insofern aufschlussreich, als sie zeigten, dass sich Tierarten zu bestimmten Zeiten schneller, zu anderen kaum veränderten. Alles in allem waren die Ergebnisse aber mit großen Unsicherheiten behaftet, da man nur wenige Merkmale berücksichtigen konnte (Haldane 1949).

Die Molekularbiologie ermöglicht es, die Geschwindigkeit der Evolution auf eine neue und elegante Weise zu messen. Auf molekularer Ebene ist Evolution die Zu- oder Abnahme der Häufigkeit einzelner Gene und ihrer Varianten sowie allgemein die Veränderung des Erbmaterials (DNA). Da die DNA und damit die Gene aus einer Reihe von Bausteinen aufgebaut sind (Nucleotide) und Evolution in deren Austausch besteht (Mutationen), kann man die Geschwindigkeit der Evolution als Zahl der Mutationen pro Zeiteinheit definieren. Da nur Mutationen in den Keimzellen an künftige Generationen weitergegeben werden und auch nur solche, die von den Reparatursystemen der Zelle nicht rückgängig gemacht werden, ist für die Geschwindigkeit der Evolution nur die effektive Mutationsrate in den Keimzellen von Bedeutung. Wie groß ist diese? Laut neueren Untersuchungen hat jedes Kind beim Menschen 100 bis 200 neue Mutationen, was bezogen auf die rund drei Milliarden Nucleotidpaare in einer menschlichen Zelle vergleichsweise wenig ist (Kumar & Subramanian 2002).

Was hat die molekulare Evolutionsgeschwindigkeit mit den äußerlich wahrnehmbaren evolutionären Veränderungen zu tun, mit der Häufigkeit von Artaufspaltungen und mit den Zeiträumen, die nötig sind, damit sich neue Anpassungen ausbilden? Ohne Mutationen gibt es keine Evolution, aber die meisten Mutationen haben keine oder kaum Auswirkungen auf den Organismus. Damit es zur Aufspaltung von Arten oder zu neuen Anpassungen kommt, sind ganz bestimmte Mutationen erforderlich, die sich je nach biologischer Art unterscheiden können. Und so gibt die molekulare Evolutionsgeschwindigkeit kaum Hinweise auf den evolutionären Wandel der Organismen, sondern in erster Linie auf die verstrichene Zeit.

52. Wie viele molekulare Uhren gibt es? Kennt man die Geschwindigkeit der Evolution (die Mutationsrate) und die zurückgelegte genetische «Entfernung» (die Zahl der Mutationen), dann kann man die verstrichene Zeit berechnen. Voraussetzung ist, dass die Mutationen mit einer gewissen Regelmäßigkeit auftreten. Dies ist tatsächlich der Fall. Könnte man die einzelnen Mutationen hören, dann wäre dies aber nicht ein gleichmäßiges Ticken wie bei einer mechanischen Uhr, sondern ein mehr oder weniger intensives Rauschen wie bei einem Geigerzähler, mit dem man die Strahlung radioaktiver Stoffe misst.

Als erste molekulare Uhren dienten in den 1960er Jahren Proteine (Eiweiße). Proteine sind Ketten aus Aminosäuren, deren Reihenfolge durch die Reihenfolge der Bausteine des jeweiligen Gens determiniert (kodiert) wird. Aus Veränderungen im Aufbau eines Proteins kann man also auf Mutationen des jeweiligen Gens schließen. Was waren die Ergebnisse? Zunächst zeigte sich, dass sich die Evolutionsgeschwindigkeit der Proteine um den Faktor 100 und mehr voneinander unterscheidet, dass sie aber bei den einzelnen Proteinen über lange Zeiträume hinweg konstant bleibt. Während bei Fibrinopeptiden mehr als fünf Austauschereignisse pro Aminosäureposition pro Milliarde Jahre stattfinden, sind es bei Histonen nur 0,013. Seit den 1980er Jahren kann man die Reihenfolge der DNA-Bausteine auch direkt untersuchen. Dabei stellte sich heraus, dass bestimmte DNA-Abschnitte sehr viel schneller mutieren als andere.

Allgemein kommt es häufiger zu Mutationen, wenn dies keine Auswirkungen auf den Organismus hat, d. h. in DNA-Abschnitten, die keine aktiven Gene enthalten, oder wenn der Austausch eines Nucleotids die Reihenfolge der Aminosäuren nicht verändert (synonyme Substitution). Und nicht zuletzt unterscheiden sich die Mutationsraten und damit die Evolutionsgeschwindigkeiten bei den einzelnen Organismengruppen und Arten. Lassen diese Komplikationen die Idee der molekularen Uhr hinfällig werden? Sie machen sie in der Tat komplizierter; bis heute werden große Anstrengungen unternommen, um die technischen Schwierigkeiten beherrschbar zu machen und zu verlässlichen Aussagen zu gelangen (Douzery et al. 2004).

Die Tatsache, dass sich Proteine und Genabschnitte mit unterschiedlichen Geschwindigkeiten verändern, lässt sich aber auch zum Vorteil nutzen: Je nachdem, für welchen Zeitraum man sich interessiert, kann man ein anderes Protein oder Gen untersuchen. Es gibt also viele verschiedene molekulare Uhren. Man geht hier wie bei der radiometrischen Altersbestimmung vor. Da die radioaktiven Varianten chemischer Elemente (Isotope) unterschiedlich schnell zerfallen, kann man jeweils andere Zeitspannen erfassen. Wenn man Zeiträume von wenigen zehntausend Jahren untersuchen möchte, ist die C-14-Datierung die Methode der Wahl, da Kohlenstoff-14 eine Halbwertszeit von 5730 Jahren hat. Das andere Extrem ist Kalium-40 mit einer Halbwertszeit von 1,25 Milliarden Jahren. Es eignet sich, um das Alter von Gesteinen zu bestimmen, die vor mehreren Milliarden Jahren entstanden. Ähnlich funktionieren die verschiedenen molekularen Uhren: Da die einzelnen Gene (und die von ihnen kodierten Proteine) unterschiedlich schnell mutieren, kann man je nach Gen jeweils andere Verzweigungen am Stammbaum des Lebens datieren.

53. Was war das folgenreichste Ereignis in der Geschichte der Organismen?
In der Evolution gab es eine ganze Reihe wichtiger Fortschritte, die den Superlativ der Frage zu Recht tragen könnten – die Entstehung der Zellen, die Entwicklung der Vielzelligkeit bei Tieren und Pflanzen, die Eroberung des Landes und der Luft und nicht zuletzt das Auftreten höherer Intelligenz beim Menschen. In diesem Zusammenhang wird ein Ereignis leicht übersehen, ohne das es auf der Erde nur Bakterien und Archaea gäbe, aber weder Pflanzen noch Pilze, noch Tiere und damit selbstverständlich auch keine Menschen.

Dieses Ereignis war die Entstehung der sogenannten eukaryotischen Zelle vor rund 2,6 Milliarden Jahren. Im Gegensatz zur Zelle der Bakterien (Prokaryoten) besitzt sie einen Zellkern mit Chromosomen, eine komplizierte innere Struktur, und sie ist um ein Vielfaches größer. Besonders faszinierend ist, dass in den eukaryotischen Zellen eine große Anzahl ursprünglich eigenständiger Mikroorganismen lebt. Deren Stoffwechsel ist so eng mit der eukaryotischen Zelle verzahnt, in der sie leben, dass sie auch als Organellen bezeichnet werden. Diese Organellen, die Mitochondrien und die Chloroplasten der Pflanzen, enthalten aber eigene DNA, sie vervielfältigen sich unabhängig von der Wirtszelle und waren ursprünglich frei lebende Bakterien, die eine Beziehung zu beiderseitigem Nutzen mit ihrer Wirtszelle eingingen (Endosymbiose; Mereschkowsky 1905; Margulis 1970). In den Milliarden Jahren der Koevolution haben sowohl die eukaryotischen Zellen als auch die Mitochondrien beziehungsweise Chloroplasten ihre Selbständigkeit verloren.

Durch DNA-Untersuchungen ließ sich die Herkunft der beteiligten Mikroorganismen bestimmen: Mitochondrien sind mit Alpha-Proteobakterien verwandt, Chloroplasten mit Cyanobakterien (früher als Blaualgen bezeichnet). Die Wirtszellen entstanden möglicherweise aus einem Vertreter der Archaea. Die genaue Entstehung des Zellkerns ist bis heute umstritten. Sicher aber ist, dass eukaryotische Zellen aus der Symbiose verschiedener Mikroorganismen hervorgingen und dass dieses Ereignis jeweils nur ein einziges Mal stattfand. Alle Mitochondrien in allen Organismen stammen von einem gemeinsamen Vorfahren ab. Dies gilt auch für die Chloroplasten der Pflanzen (Poole & Penny 2007).

Es ist beeindruckend, sich zu vergegenwärtigen, dass der menschliche Körper nicht nur ein Zusammenschluss aus vielen Milliarden genetisch identischer Zellen ist, sondern dass jede dieser Zellen aus unterschiedlichen Mikroorganismen besteht, die symbiotisch zusammenleben. Ohne Übertreibung kann man sagen: Am Anfang aller höheren Organismen war die Kooperation.

Widerspricht dies Darwins Idee vom Kampf ums Dasein als der Triebkraft der Evolution? Keineswegs, sondern eine kooperative Lebensweise wird sich durchsetzen, wenn sie beiden Seiten Vorteile anderen Organismen gegenüber verschafft. Bei den Zellen eines Organismus ist die Situation relativ einfach, da sie extrem eng miteinander verwandt sind. Von gelegentlichen Neumutationen abgesehen, sind sie genetisch identisch, sozusagen eineiige Zwillinge. Aus diesem Grund zahlt sich ihr Altruismus aus. Warum aber kooperieren die eukaryotischen Zellen und ihre Chloroplasten beziehungsweise Mitochondrien? Die Zusammenarbeit nichtverwandter Organismen wird mit dem Gegenseitigkeitsprinzip erklärt, bei dem die Vorteile beider Partner gewahrt bleiben müssen. Es ist die einfache Strategie des «Wie du mir, so ich dir», die sich hier als ausgesprochen erfolgreich erwiesen hat. Die Kooperation zwischen nichtverwandten Organismen wurde also nicht von Menschen erfunden, sondern es gab sie schon vor mehr als zwei Milliarden Jahren, als eine Ur-Wirtszelle darauf verzichtete, ein Alpha-Proteobakterium zu verdauen, und es stattdessen domestizierte, indem sie es wie ein Haustier hegte und pflegte.

54. Was kam zuerst: Pflanzen oder Tiere? Traditionellerweise unterscheidet man Tiere und Pflanzen hauptsächlich nach der Art ihrer Ernährung. Während Pflanzen in der Lage sind, organische Stoffe mit Hilfe des Sonnenlichts direkt aus anorganischen Stoffen aufzubauen (Autotrophie), können Tiere (und Pilze) dies nicht (Heterotrophie). Sie sind darauf angewiesen, dass andere Organismen wie Pflanzen organische Stoffe produzieren. Insofern könnte man folgern, dass es die Pflanzen vor den Tieren gegeben haben muss. Interessanterweise ist dies nicht, jedenfalls nur bedingt, der Fall. Wie kann das sein?

Als Tiere und Pflanzen bezeichnet man (eukaryotische) Lebewesen mit einem echten Zellkern, Prokaryoten (Bakterien und Archaea) zählen nicht dazu. Ein Charakteristikum der eukaryotischen Zellen ist, dass sie Endosymbionten – Mitochondrien und Chloroplasten – enthalten. Sowohl in tierischen als auch in pflanzlichen Zellen finden sich die Mitochondrien, die «Kraftwerke» der Zelle, die organische Stoffe wie Zucker verbrennen und so lebenswichtige Energie bereitstellen. Aber nur in Pflanzenzellen finden sich Chloroplasten, die organische Stoffe mit Hilfe von Sonnenlicht aufbauen können. Bei Tieren kam es also nur einmal zur Endosymbiose, bei Pflanzen (mindestens) zweimal.

Die Aufnahme eines Alpha-Proteobakteriums und die Entstehung einer (heterotrophen) eukaryotischen Zelle ereigneten sich vor mehr als zwei Milliarden Jahren (primäre Endosymbiose). Heterotrophe eukaryotische Einzeller zählen aber nach obiger Definition zu den Tieren (Protozoen). Erst später, vor rund 1,4 Milliarden Jahren, entstanden nach einer zweiten Endosymbiose mit Cyanobakterien chloroplastenhaltige, d. h. zur Photosynthese fähige Eukaryoten (Pflanzen). Pflanzen sind demzufolge nicht nur jünger als Tiere, sondern stammen sogar von ihnen ab. Wenn Tiere aber ursprünglicher waren als Pflanzen, von was haben sie sich ernährt? Von Bakterien, die es schon viel länger gab und die teilweise, wie die zur Photosynthese fähigen Cyanobakterien, organische Nährstoffe und Sauerstoff produzierten (McFadden 2001; Kutschera & Niklas 2005).

Diese Überlegungen zeigen, dass man zu kontraintuitiven Schlussfolgerungen kommt, wenn man die traditionellen Begriffe «Tier» und «Pflanze» auf die frühesten Urformen der beiden Reiche überträgt. Deshalb wird mittlerweile einer engeren Definition der Vorzug gegeben, und man verwendet die Worte nur noch für die mehrzelligen Vertreter der beiden Gruppen (Metazoa bzw. Landpflanzen). Geht man von diesem Sprachgebrauch aus, dann muss man die Frage anders beantworten. Höhere Tiere sind in vielerlei Hinsicht von Pflanzen abhängig und konnten deshalb erst nach beziehungsweise mit diesen entstehen. Die Entstehung größerer und komplexerer

Tiere beispielsweise wurde erst möglich, nachdem die Gefäßpflanzen vor 400 Millionen Jahren größere Mengen an Nährstoffen und vor allem an Sauerstoff zu produzieren begannen.

55. Warum reden die Evolutionsbiologen so gerne vom Wetter?

Dass das Klima für das Überleben und Wohlergehen von Tieren und Pflanzen eine wichtige Rolle spielt, gehört wohl zu den ältesten Erkenntnissen der Menschen überhaupt. Darwin zählte physikalische Umweltbedingungen wie Kälte und Trockenheit neben der Konkurrenz mit anderen Organismen zu den wichtigsten Faktoren der natürlichen Auslese. In den extremen Umwelten eines Berggipfels oder einer Wüste finde der Kampf ums Leben sogar «fast ausschließlich mit den Elementen» statt (1859: 69). Wenn Darwin und die Naturforscher seiner Zeit vom Klima sprachen, dann ging es ihnen in erster Linie um jahreszeitliche Schwankungen und Unterschiede zwischen den Klimazonen der Erde. Langfristige globale Klimaschwankungen und weltweite Katastrophen konnte man sich dagegen kaum vorstellen.

Zwar hatte man schon zu Beginn des 19. Jahrhunderts geologische Beobachtungen wie die Existenz isoliert liegender großer Steinblöcke (Findlinge) dadurch erklärt, dass diese während einer Eiszeit von Gletschern in ihre heutige Lage transportiert worden waren. Erst in den letzten Jahrzehnten wurde aber deutlich, wie dynamisch die Oberfläche und die Atmosphäre der Erde sich im Laufe vieler Millionen Jahre tatsächlich verändert haben. Ein faszinierendes, wenn auch umstrittenes Beispiel ist die Schneeball-Erde. Es gibt Hinweise, dass die Erde vor 700 bis 600 Millionen Jahren zeitweise fast vollständig von einer dicken Eisschicht bedeckt war (Hoffman et al. 1998). Nur einfache Organismen konnten in der Nähe heißer Unterwasserquellen überleben. Erst als die Temperaturen wieder anstiegen, bildete sich die heutige Vielfalt der höheren Tiere und Pflanzen aus (Kambrische Explosion). Weitere Beispiele sind die Verdunkelung, Abkühlung und Vergiftung der Erdatmosphäre durch Vulkanismus und den Einschlag großer Meteoriten.

Warum haben die Wissenschaftler das Ausmaß klimatischer Veränderungen so lange unterschätzt? Zum einen ist es schwierig, Hunderte von Millionen Jahre zurückreichende Ereignisse zu rekonstruieren. Die dazu benötigten speziellen Methoden gibt es teilweise erst seit kurzem. Zum anderen übersteigen die dabei wirkenden Kräfte unsere Alltagserfahrungen um Größenordnungen. Dies war einer der

Gründe, warum Alfred Wegeners (1880–1930) Theorie der Kontinentalverschiebung (1915) in der ersten Hälfte des 20. Jahrhunderts auf fast einhellige Ablehnung stieß. In der modernen Plattentektonik, die an Wegeners Ideen anknüpft, erklärt man die Verschiebungen mit der radioaktiv bedingten Hitzeentwicklung und den dadurch verursachten Strömungen im Erdkern. Die großflächigen Veränderungen der Landmassen wiederum hatten vielfältige Auswirkungen auf den Wasserstand der Meere, auf die Meeresströmungen, auf das Klima und damit auf die Lebensbedingungen und die Verbreitung der Organismen.

Nur kurz erwähnt seien weitere Ursachen für globale klimatische Veränderungen wie die Schwankungen der Sonnenaktivität und der Umlaufbahn der Erde um die Sonne. Verstärken sich diese Ursachen wechselseitig, kann es zu Rückkopplungseffekten mit entsprechend drastischem Wandel kommen. Die vielfältigen Wechselbeziehungen zwischen den geologischen, klimatischen und atmosphärischen Bedingungen und der Evolution der Organismen gehören heute zu den interessantesten Forschungsgebieten der Naturwissenschaften. Aus evolutionsbiologischer Sicht war die Erkenntnis wichtig, dass die Erde und ihr Klima nicht starr sind, sondern dass es sich um dynamische Systeme handelt.

56. Was bleibt von Darwin? In den letzten 150 Jahren wurde die Evolutionstheorie kontinuierlich weiterentwickelt und ergänzt. Ein wichtiger Schritt war die Ablehnung der Vererbung erworbener Eigenschaften durch den Neo-Darwinismus von August Weismann (1885) und Alfred Russel Wallace (1823–1913; 1889). Die nach dem Jahr 1900 entstandene neue Wissenschaft der Genetik korrigierte viele unzutreffende Vorstellungen über die Vererbung und identifizierte mit Mutation und Rekombination die beiden zentralen Ursachen der Variabilität. Im Jahr 1905 argumentierte der russische Botaniker Konstantin Sergeevič Merežkovskij (1855–1921), dass die Kooperation nichtverwandter Mikroorganismen ein zentrales Element der Evolution ist (Endosymbiose).In den 1940er Jahren zeigte Ernst Mayr, dass die räumliche Trennung zweier Populationen meistens die notwendige Voraussetzung für die Vervielfachung von Arten ist. Ab den 1960er Jahren setzte sich nach Vorarbeiten von Alfred Wegener die Theorie der Plattentektonik durch. Die Erkenntnis, dass die Kontinente sich im Laufe der Erdgeschichte kontinuierlich verschoben haben, ermöglichte die Erklärung vieler ansonsten rätselhafter Details der geographischen Verbreitung der Tiere und Pflanzen auf der Erde. Die Molekularbiologie schließlich ließ seit der Entdeckung der DNA-Doppelhelix (1953) den Aufbau des Erbmaterials und seine Wirkungsweise zunehmend genauer verstehen.

Diese wenigen Hinweise mögen genügen, um zu dokumentieren, wie grundlegend sich die Evolutionstheorie seit ihren Anfängen in der Mitte des 19. Jahrhunderts gewandelt hat. Man könnte also vermuten, dass Darwins *Entstehung der Arten* inzwischen weitgehend überholt und nur noch von historischem Interesse ist. Überraschenderweise ist dies nicht der Fall, denn Darwin fand den grundlegenden Mechanismus für die Entstehung zweckmäßiger Merkmale – die natürliche Auslese (Ayala 2007; Gee et al. 2009). Die moderne Evolutionstheorie unterscheidet sich in vielen Punkten zum Teil beträchtlich von Darwins Vorstellungen, aber bei der Frage nach der Entstehung der Zweckmäßigkeit, die das wichtigste allgemeine Charakteristikum der Lebewesen ist, hat sich sein Modell, die Selektionstheorie, glänzend bewährt. Die Herausforderungen durch die neuen Erkenntnisse der Geologie, der Systematik und der Molekularbiologie haben das Darwin'sche Modell letztlich gestärkt und mit den anderen Naturwissenschaften zu einem umfassenden Bild der Geschichte des Lebens auf der Erde vernetzt.

Die Evolution der Menschen

57. Stammt der Mensch vom Affen ab? Auf diese Frage gehen Wissenschaftler ungern ein. Das liegt nicht daran, dass sie schwierig zu beantworten wäre. Im Gegenteil, sie ist längst geklärt, aber die Art ihrer Formulierung wirkt irritierend. Und nicht zuletzt erinnert sie an unliebsame weltanschauliche Debatten über die Affenabstammung der Menschen. Die Frage ist in der Tat missverständlich formuliert, da zweifelhaft bleibt, was mit «dem» Affen gemeint ist. Die Säugetier-Ordnung der Primaten umfasst rund 230 heute lebende Arten, die Affen im engeren Sinn (Kapuzineraffen, Paviane, Meerkatzen u. a.) ebenso wie die Menschenaffen (Gibbons, Orang-Utans, Gorillas, Schimpansen und Menschen) und die sogenannten Halbaffen (Lemuren u. a.).

Ein wichtiger und manchmal vergessener Punkt ist nun, dass die zur selben Zeit existierenden Arten niemals voneinander abstammen, sondern nur gemeinsame Vorfahren haben können. So stammen Gorillas oder Menschen nicht von heutigen Schimpansen ab, ebenso wenig wie umgekehrt Schimpansen oder Gorillas aus jetzt lebenden Menschen entstanden sind. Und so könnte man annehmen, dass die richtige Antwort Nein ist.

Zu den Primaten zählen aber nicht nur heutige Affen und Menschenaffen, sondern auch viele hundert frühere Arten, die im Laufe der Evolution ausstarben oder sich weiterentwickelten. Unter diesen finden sich auch die Vorfahren der Menschen (Johanson & Edgar 2006; Junker 2008). Da es Menschen erst seit rund zwei Millionen Jahren gibt, die Ursprünge der Primaten aber mehr als 80 Millionen Jahre in die Zeit der Dinosaurier zurückreichen, stammen wir sogar von einer langen Reihe äffischer Vorfahren ab. Die spannende Frage ist also längst nicht mehr, *ob*, sondern aus *welchen* fossilen Primaten die Menschen entstanden sind. Es war einer der großen Erfolge der Molekularbiologie, dass sie durch den Vergleich von Proteinen und DNA sowohl die Abstammungsverhältnisse als auch die annähernden Zeitpunkte der Aufspaltungen bestimmen konnte. Das inzwischen allgemein akzeptierte Ergebnis ist, dass Menschen und Schimpansen am nächsten miteinander verwandt sind und dass der gemeinsame, äffische Vorfahre vor fünf bis sieben Millionen Jahren lebte (Hedges & Kumar 2009).

Die Antwort auf die Frage hängt also davon ab, ob heutige oder fossile Primaten gemeint sind. Ist dies zweifelhaft, lässt sie sich nicht eindeutig beantworten. Insofern ist es erstaunlich, wie häufig ohne vorherige Klarstellung mit Nein geantwortet wird. Vielleicht sollte man in diesem Zusammenhang nicht vergessen, dass es noch ein anderes, kategorisches Nein auf die Frage gibt: die grundsätzliche Verleugnung der Herkunft der Menschen aus dem Tierreich von religiöser Seite. Die Mehrdeutigkeit der Frage scheint nun einen eleganten Kompromiss zu ermöglichen. Mit einem Nein geht man dem Konflikt mit den religiösen Evolutionsgegnern aus dem Weg und kann gleichzeitig eine scheinbar korrekte Antwort geben. Aber der Kompromiss ist faul. Denn Ja!, selbstverständlich stammen die Menschen von Affen ab, aber nicht von heutigen, sondern von früheren Arten.

58. Wer waren die ersten Menschen? Diese Frage lässt sich nicht eindeutig beantworten. Zum einen erfolgte die Menschwerdung wie alle größeren evolutionären Veränderungen über einen längeren Zeitraum. Zum anderen entstanden die für Menschen charakteristischen körperlichen und geistigen Merkmale zu unterschiedlichen Zeiten. Sieht man beispielsweise im aufrechten Gang das entscheidende Charakteristikum, dann gab es Menschen bereits vor mehr als fünf Millionen Jahren. Da unsere Vorfahren aus dieser Zeit aber im Aussehen, in der Gehirngröße und im Verhalten eher heutigen Schimpansen ähneln, werden sie nicht als Menschen bezeichnet. Legt man ein sehr viel engeres Kriterium zugrunde, das Auftreten von Kunst beispielsweise, dann lebten die ersten Menschen vor rund 100 000 Jahren, und die Neandertaler waren noch keine Menschen. Auch dieses Ergebnis wird kaum auf Zustimmung treffen. Obwohl es also schwierig ist, ein einzelnes Kriterium zu benennen, haben wir doch relativ genaue, intuitive Vorstellungen darüber, was Menschen sind. In diese Entscheidung fließt eine Vielzahl von Merkmalen ein. Ähnlich verfahren auch die Paläoanthropologen, wenn sie entscheiden müssen, ob ein Fossilfund der Gattung *Homo* (Mensch) zugeordnet wird (Wood & Collard 1999).

Oft wird die Entstehung der ersten Menschen auf rund 2,5 Millionen Jahre datiert, da aus dieser Zeit die ersten Steinwerkzeuge stammen *(Homo habilis)*. Für andere Autoren lebten die ersten echten Menschen eine halbe Million Jahre später *(Homo erectus)*. Auch danach erfolgten noch wichtige Veränderungen – eine weitere Vergrößerung des Gehirns, schmalere Körper, größere kulturelle Komplexität –,

Evolutionäre Rekonstruktionen wie die Zeichnung eines Neandertalers von František Kupka aus dem Jahr 1909 betonen oft die Wildheit und Tierhaftigkeit unserer Vorfahren. Dieses Bild ist zu einseitig.

aber diese Vorfahren ähneln heutigen Menschen in Körpergröße und -gestalt, Lebens- und Fortbewegungsweise, so dass sie übereinstimmend als Menschen bezeichnet werden.

Wer aber waren die letzten noch äffischen Vorfahren der ersten Menschen? Die letzten gemeinsamen Vorfahren von Menschen und Schimpansen lebten vor rund fünf bis sieben, die ersten Menschen vor zwei bis 2,5 Millionen Jahren. Es bleibt also ein Zeitraum von 2,5 bis fünf Millionen Jahren, in dem sich unsere Vorfahren bereits von den Schimpansen getrennt hatten, aber noch keine Menschen waren. Was aber waren sie dann? – Ein eigenständiger Typus von Menschenaffen, die Australopithecinen («südliche Affen»). Sie konnten bereits aufrecht laufen, es kam aber noch nicht zu einer signifikanten Vergrößerung des Gehirns und zu anderen typisch menschlichen Merkmalen. Die Australopithecinen waren eine sehr erfolgreiche Gruppe. Es werden mindestens fünf verschiedene Gattungen und rund fünfzehn Arten gezählt (Foley 1995). Ihr bekanntester Vertreter ist «Lucy» *(Australopithecus afarensis)*, die vor 3,2 Millionen Jahren lebte. Die Australopithecinen existierten in den offenen Waldlandschaften und Savannen Afrikas nach- und nebeneinander, wie es Gorillas, Schimpansen und Bonobos heute im Regenwald tun. Aus einer ihrer Populationen entstanden schließlich die Menschen, alle anderen Arten starben aus, vielleicht aus klimatischen Gründen, vielleicht auch, weil sie in der Konkurrenz mit den ersten Menschen unterlagen. Unsere letzten noch äffischen Vorfahren, «der Affe, von dem die Menschen abstammen», waren also die Australopithecinen.

59. Wie viele Menschenarten gibt es? Wenn man bei höheren Tieren und Pflanzen von Arten spricht, dann sind damit genetisch abgegrenzte Fortpflanzungsgemeinschaften (Populationen) gemeint (vgl. Frage 34). Gab es in den rund zwei Millionen Jahren der Menschheitsevolution Zeiten, in denen einzelne Gruppen so lange isoliert waren, dass sie sich nicht mehr mit den anderen Menschen fortpflanzen konnten und zu getrennten Arten wurden?

Für die Gegenwart lässt sich die Frage eindeutig beantworten. Als die europäischen Seefahrer im 15. und 16. Jahrhundert entlegene Gebiete der Erde erreichten, kamen sie mit Menschen in Kontakt, die nicht nur andere Sitten und Gebräuche hatten, sondern die sich auch in ihren körperlichen Merkmalen unterschieden. Vielleicht hat nicht viel gefehlt und sie hätten auch Menschen angetroffen, die nicht zu unserer eigenen Art *Homo sapiens* gehören. So scheint auf der Insel Flores im heutigen Indonesien noch vor rund 18 000 Jahren eine eigene Menschenart *(Homo floresiensis)* gelebt zu haben. Welchen rechtlichen Status hätte man einer solchen zweiten Menschenart wohl zugesprochen?

Woher aber wusste und weiß man, dass die Menschen der Gegenwart trotz ihrer Verschiedenheiten zur Art *Homo sapiens* gehören? Da es sich nicht um eine moralische, sondern um eine empirische Frage handelt, konnte nur das Experiment die Antwort geben. Würden sexuelle Kontakte zwischen den Seefahrern und den lokalen Bevölkerungen zu fruchtbaren Nachkommen führen? Dies war der Fall, und so kann man sicher sagen, dass es nur eine einzige Menschenart gibt. Neuere genetische Untersuchungen haben gezeigt, warum dies so ist.

Alle heute lebenden Menschen stammen von einer gemeinsamen Vorfahren-Population ab, die vor rund 200 000 bis 100 000 Jahren lebte. Die späteren Zeiten der Isolation waren zu kurz, um effektive Isolationsmechanismen entstehen zu lassen.

Für frühere Perioden der Evolution lassen sich Fortpflanzungsexperimente nicht durchführen, und man ist auf indirekte Indizien angewiesen, wenn der Status der Neandertaler oder der asiatischen *Homo-erectus*-Menschen (Peking- und Java-Mensch) bestimmt werden soll. Die Mehrheit der Paläoanthropologen geht davon aus, dass die räumlichen Entfernungen und die Zeiten der Trennung so groß waren, dass der Genfluss über längere Zeit zum Erliegen kam und mehrere Menschenarten entstanden (Wood & Richmond 2000). Warum sind diese allesamt verschwunden, warum gibt es keine Neandertaler mehr? Die eher betrübliche Erklärung ist wohl, dass die Konkurrenz mit den modernen Menschen schon zur Zeit der Jäger und Sammler, d. h. vor 65 000 bis 10 000 Jahren, nicht nur zum Aussterben von Höhlenlöwen und Säbelzahntigern, sondern auch der anderen Menschenarten führte. Die Tatsache, dass es nur noch eine einzige Menschenart gibt, ist also kein Zufall, aber sie ist auch nicht selbstverständlich, sondern Folge einer biologischen Verdrängung.

60. Gibt es Menschenrassen? In der Biologie wird bei Menschen kaum mehr von Rassen gesprochen. Da der Begriff «Rasse» für mehr als zwei Jahrhunderte eine große politische Rolle spielte und als Rechtfertigung für Diskriminierungen, Kolonialisierung und Völkermorde diente, wurde es zunehmend schwieriger, seine neutrale wissenschaftliche Bedeutung aufrechtzuerhalten. Aus diesem Grund bevorzugt man heute Begriffe wie «Unterart» oder «Population». Aus der Tatsache, dass man in der Biologie in Bezug auf Menschen nicht mehr von Rassen spricht, wird nun häufig geschlossen, dass es auch keine Menschenrassen gibt. In der Zoologie ist aber weiterhin völlig selbstverständlich von geographischen, ökologischen oder Haustierrassen die Rede. Ist nur die Sprachregelung inkonsistent und verwirrend, oder ist es tatsächlich so, dass es bei Kohlmeisen, Pferden oder Hunden Rassen gibt, bei Menschen aber nicht?

«Rasse» war ursprünglich kein Begriff der Genetik, wie oft angenommen wird, sondern das Wort kommt aus der Systematik und Tiergeographie. Da getrennte Arten entstehen, wenn eine zunächst einheitliche Population unterschiedliche Räume besiedelt und sich dadurch genetisch auseinanderentwickelt, gibt es eine Vielzahl von Übergängen von vergleichsweise homogenen Populationen über beginnende Arten bis hin zu echten Arten. Wenn sich diese Populationen relativ deutlich voneinander abgrenzen lassen, dann spricht man von Rassen. Insofern ist die Rassenbildung eine Vorstufe zur Artentstehung und ein grundlegendes und überall vorkommendes biologisches Phänomen.

Die Frage ist also, ob bei Menschen durch natürliche oder künstliche (kulturelle) Grenzen Populationen entstanden, die sich genügend eindeutig identifizieren lassen. Dass dies der Fall ist, lässt sich bei jeder Fernreise nach Asien oder Afrika beobachten. Menschen sind auch in dieser Hinsicht keine Ausnahme, und der Wunsch, Rassendiskriminierung dadurch aus der Welt schaffen zu wollen, dass man die Existenz genetisch unterschiedlicher Populationen leugnet, mag gut gemeint sein, aber da er auf der Verleugnung offensichtlicher Realitäten beruht, ist er letztlich kontraproduktiv (*Science* 2001). Was lässt sich aus Sicht der Biologie noch zu dieser Frage bemerken?

Zunächst sollte man beachten, dass einzelne äußere Merkmale wie die Hautfarbe trügerisch sein können. So ist Afrika als Ursprung der Menschheit der genetisch heterogenste Kontinent mit einer Vielzahl deutlich unterschiedener Populationen. Bis heute lässt sich zudem nicht eindeutig beantworten, ob es neben den äußeren Unterschieden in Körperbau oder Hautfarbe auch nennenswerte populationsspezifische Abweichungen in Charakter oder Intelligenz gibt. Da bei geistigen Merkmalen die Unterschiede zwischen den Individuen einer Population sehr viel größer sind als zwischen den Populationen, ist es aber nicht nur fair, sondern auch sachlich geboten, die Fähigkeiten einer Person nicht aus seiner Herkunft ableiten zu wollen, sondern diese individuell zu würdigen (Barbujani & Colonna 2010).

61. Was macht Menschen biologisch so erfolgreich? Menschen sind eine ganz besondere Tierart. Auch andere Organismen formen ihre Umwelt, aber die Art und Weise, wie Menschen eine eigene Welt erschaffen haben, mit der sie sich von der Natur abgrenzen, ist bemerkenswert. Diese künstliche Umwelt wird als «Kultur» bezeichnet; sie bestimmt unser Leben, Wahrnehmen und Denken bis ins kleinste Detail. Zur Kultur gehören Sprache, Sitten, Institutionen, Wissenschaft, Kunst, Religion, Werkzeuggebrauch und Technik, Richtiges und Falsches, Gutes und Schlechtes – eben alles, was nicht Natur ist. Die Allgegenwart der Kultur in unserem Leben und Denken hat dazu verführt, sie als mysteriöses Phänomen hinzunehmen, dessen ursprüngliche Entstehung und Funktionsweise biologisch nicht erklärbar sind. Wie der Vergleich mit anderen Tieren zeigt, beruhen die Bereitschaft und die Fähigkeit, kulturelle Inhalte aufzunehmen und weiterzugeben, aber auf einer ganzen Reihe aufwändiger Gehirntätigkeiten, die evolutionär entstanden sein müssen (Barkow et al. 1992; Tomasello 1999). Und das konnte nur geschehen, wenn sie einen konkreten biologischen Nutzen hatten. Worin besteht der Selektionsvorteil der Kultur?

Biologisch gesehen, ist Kultur eine Antwort auf ein Problem, vor dem alle Organismen stehen: Wie lassen sich Erfahrungen langfristig, präzise und gleichzeitig reversibel speichern? Der ursprüngliche Speicherort sind die DNA-Moleküle. Die in ihnen kodierte genetische Information beruht auf den Erfahrungen aus rund vier Milliarden Jahren Evolution; sie entstand durch Versuch und Irrtum. Da jedes Lebewesen von einer ununterbrochenen Reihe erfolgreicher Vorfahren abstammt, haben die Gene aber kein Gedächtnis für Misserfolge und keinen Sinn für die Zukunft. Und sie produzieren relativ schematische Reaktionen, die nur langsam durch Mutation, Rekombination und Selektion von einer Generation zur nächsten verändert werden können.

Im Gegensatz dazu sind erlernte Verhaltensweisen flexibler. Dies kann von Vorteil sein, wenn sich ein Tier in einer veränderlichen Umwelt bewegt. Ein schwerwiegender Nachteil des erlernten Verhaltens ist aber, dass die Erfahrungen von jedem Individuum immer wieder aufs Neue gemacht werden müssen. Das aber kann mit großen Risiken verbunden sein. Soziale Tiere haben die Möglichkeit, diesen Nachteil auszugleichen, indem sie von anderen Gruppenmitgliedern lernen, also an deren Erfahrungen partizipieren. Auf diese Weise entstand ein zweites Vererbungssystem, dessen Informationseinheiten nicht genetisch vererbt, sondern durch Vorbild und Erziehung vermittelt werden. Wie beim individuellen Lernen erfolgt die Speicherung in den Nervenzellen des Gehirns, sie ist also vergleichsweise flexibel; auf der anderen Seite gehen die Erfahrungen beim Tod des Individuums nicht notwendigerweise verloren, sondern sie können – ähnlich wie Gene, aber unabhängig von ihnen – von einer Generation zur nächsten weitergegeben werden (Junker & Paul 2009: 124–32).

Schon die Jäger und Sammler der Altsteinzeit waren anderen Tieren überlegen, weil sie nicht nur auf ihre Instinkte und Beobachtungen, sondern auch auf die Erfahrungen ihrer Ahnen zurückgreifen konnten. Mit dem geballten Wissen unzähliger Generationen im Rücken hatten sie bald nur noch andere Menschen zu fürchten.

62. Warum gibt es Kultur nur bei Menschen? In dieser Absolutheit ist die in der Frage steckende Behauptung nicht richtig, denn mittlerweile gibt es überzeugende Nachweise für systematisches soziales Lernen (Kultur) bei Schimpansen, Orang-Utans oder Delfinen (Whiten et al. 1999; van Schaik et al. 2003). Alles in allem handelt es sich aber um eher einfache Verhaltensweisen, die nicht mit der Komplexität und Vielfalt kultureller Inhalte beim Menschen vergleichbar sind.

Wenn Kultur, d. h. die generationenübergreifende Speicherung von Erfahrungswissen, einen so großen Selektionsvorteil bedeutet, dann kann man umgekehrt fragen, warum sie sich bei anderen Tieren nur ansatzweise ausgebildet hat. Die Antwort ist, dass sie große Kosten in Form aufwändiger Gehirnleistungen erfordert. Hier wird man zunächst an die notwendigen Gedächtnisleistungen denken. Wie außerordentlich mühsam es ist, kulturelle Inhalte dauerhaft zu speichern, lässt sich bei jedem Kind oder bei jedem Versuch, eine Fremdsprache zu erlernen, immer wieder aufs Neue beobachten. Kulturfähigkeit setzt aber noch andere aufwändige Gedankenoperationen voraus. Bevor ein kultureller Inhalt, das Wissen anderer Menschen, gespeichert werden kann, muss man ihre Gedanken lesen. Besonders gut funktioniert Gedankenlesen, wenn man sich in andere Menschen hineinversetzt und sich mit ihnen identifiziert. Schon Kinder simulieren in ihren Spielen und Phantasien die Perspektiven anderer Personen. Fiktionale Literatur, Spielfilme, Theater und Sportereignisse ermöglichen es auch erwachsenen Lesern und Zuschauern, in ihrer Phantasie das Leben anderer Menschen zu leben, ihre Gedanken zu denken und ihre Gefühle zu fühlen. Die Tatsache, dass wir dies gerne und automatisch tun, darf nicht darüber hinwegtäuschen, dass es sich beim Gedankenlesen um eine anspruchsvolle Fähigkeit handelt, die andere Tiere nur im Ansatz beherrschen (Baron-Cohen 1999).

Die einzigartige Lernfähigkeit der Menschen bringt auch Risiken mit sich. Die kulturellen Inhalte bestehen ja nicht nur aus echten Informationen; sie enthalten auch Irrtümer und gezielte Fehlinformationen, die dazu dienen, die Individuen zum Nutzen anderer zu manipulieren. Die Menschen mussten also nicht nur lernen, Informationen aufzunehmen und zu behalten, sondern auch, diese auf ihren Wahrheitsgehalt zu überprüfen. Alles in allem setzt Kultur hochentwickelte geistige Fähigkeiten und entsprechend aufwändige Gehirne voraus. Diese aber verursachen große biologische Kosten. So macht das menschliche Gehirn nur zwei Prozent des Körpergewichts aus, verbraucht aber etwa ein Viertel der gesamten Stoffwechselenergie.

63. Welche Rolle spielte der aufrechte Gang in der Evolution der Menschen? Fast alle Säugetiere stehen und laufen auf vier Beinen. Zu den Ausnahmen zählen die auf zwei Beinen hüpfenden Kängurus und die Menschen. Auch andere Primaten wie Gibbons und Schimpansen sind in der Lage, aufrecht zu stehen und zu laufen, wenn sie beispielsweise Gegenstände tragen oder in hohem Gras Ausschau halten. Sie nehmen diese Haltung aber nur für vergleichsweise kurze Zeit und eher ungern ein. Für Menschen ist der aufrechte Gang auf zwei Beinen dagegen so charakteristisch, dass man in ihm die Haupttriebkraft für die Evolution der geistigen Fähigkeiten gesehen hat. Man betonte dabei nicht die Vorteile der aufrechten Fortbewegungsweise als solche, sondern sah ihren wichtigsten Nutzen darin, dass die Hände für andere Funktionen frei wurden. Auf diese Weise konnten sie zu spezialisierten Instrumenten zur Bearbeitung von Gegenständen werden. Dies wiederum habe höhere Intelligenzleistungen erfordert. Entsprechende Vermutungen über eine direkte kausale Verbindung zwischen dem aufrechten Gang und der Evolution des Gehirns haben sich interessanterweise nicht bestätigt (Niemitz 2004).

Schon die Vorfahren der Menschen (*Australopithecus afarensis*, «Lucy»), die vor vier bis drei Millionen Jahren lebten, gingen auf zwei Beinen, wie anatomische Rekonstruktionen und die 3,6 Millionen Jahre alten Fußspuren von Laetoli (Tansania) eindrucksvoll belegen (Leakey & Hay 1979). Mittlerweile mehren sich die Indizien, dass der aufrechte Gang sogar deutlich früher, bei *Sahelanthropus* (vor 6,5 Millionen Jahren), entstanden sein könnte. Zu einer signifikanten Zunahme der relativen Gehirngröße kam es aber erst vor 2,5 bis zwei Millionen Jahren bei den ersten Menschen *(Homo erectus)*. Zwischen der Entstehung des aufrechten Gangs und der beschleunigten Evolution des Gehirns klafft also eine Lücke von mehreren Millionen Jahren. Der aufrechte Gang muss sich also zunächst aufgrund von Vorteilen entwickelt haben, die nicht unmittelbar etwas mit geistig anspruchsvollen Tätigkeiten zu tun hatten, sondern zum Beispiel mit dem Transport von Gegenständen oder Jungtieren.

Wodurch aber wurde dann die Evolution des menschlichen Gehirns vorangetrieben? Man sollte in diesem Zusammenhang nicht vergessen, dass Menschen ihre Intelligenz nicht nur für räumliche Orientierung und Bewegung, für Geschicklichkeit bei der Nahrungssuche und Jagd sowie für Erfindungsreichtum im Werkzeuggebrauch, d. h. für die Auseinandersetzung mit der natürlichen Umwelt, benötigen. Menschen sind soziale Tiere, die nur in der Gruppe überleben können. Dadurch aber wird die Konkurrenz innerhalb der Gemeinschaft um Nahrung, sozialen Rang und Sexualpartner zum maßgeblichen Selektionsfaktor (Machiavelli'sche Intelligenz-Hypothese; Byrne & Whiten 1988).

Und so geht man mittlerweile davon aus, dass unsere vor mehr als zwei Millionen Jahren lebenden, noch affenartigen Vorfahren eine ganze Reihe körperlicher und geistiger Voraussetzungen aufwiesen, die es ihnen ermöglichten, den Veränderungen der Umwelt durch eine evolutionäre Verbesserung der Intelligenz zu begegnen. Der aufrechte Gang war einer dieser Faktoren; ebenso wichtig aber waren Ernährung, Neugierde, Geselligkeit und eine intensive Mutter-Kind-Beziehung.

64. Warum lieben Menschen das Feuer?   Ihren evolutionären Erfolg verdanken Menschen auch dem Umstand, dass sie lernten, eines der gefährlichsten und unheimlichsten Naturphänomene, das Feuer, zu zähmen. Schon Kinder lieben Kerzenlicht, und noch Erwachsene werden magisch von Kamin- und Lagerfeuern angezogen. Feuer ist ein ständiger Begleiter der Menschen, es dient als Licht, Waffe und Energielieferant, mit seiner Hilfe werden Wohnungen geheizt und Speisen zubereitet. Tiere dagegen haben normalerweise Angst vor Feuer. Wann und warum haben Menschen diese Furcht überwunden? Eindeutig belegt ist der Gebrauch von Feuer erst seit ca. 800 000 Jahren. Entsprechende Nachweise und die Abgrenzung von natürlichen Bränden sind aber technisch schwierig, und aufgrund verschiedener Indizien kann man von einem sehr viel längeren Zeitraum ausgehen.

Die Vorfahren der Menschen mieden das Feuer wie andere Tiere auch. Diese instinktive Scheu konnten sie nur allmählich überwinden, wenn die Nähe zum Feuer Vorteile mit sich brachte. Vielleicht waren sie neugieriger als andere Tiere oder durch Nahrungsknappheit gezwungen, früher an Stellen zurückzukehren, die von natürlichen Wald- und Buschbränden überzogen worden waren. Dort aber konnten sie sich an den Kadavern der verendeten Tiere satt essen, bevor andere Raubtiere ihnen die Beute streitig machten. Man kann sich dies auch als systematische Strategie vorstellen, bei der die frühen Menschen gezielt den natürlich auftretenden Feuern folgten. Allmählich konnte sich so nicht nur ihre Verdauungsphysiologie an erhitzte Nahrung und die dabei auftretenden Giftstoffe anpassen, sondern ihre anfängliche Scheu vor dem Feuer begann in dem Maße zu schwinden, in dem sie lernten, sein «Verhalten» zu verstehen und es zu beherrschen (Wrangham 2009).

Dieses Szenario ermöglicht eine elegante Lösung für das Problem, woher die neuen Nahrungsquellen kamen, die eine Verdoppelung des Gehirnvolumens (auf über 1000 ccm) bei der Entstehung der ersten Menschen vor rund zwei Millionen Jahren möglich machten. In diesem Zusammenhang wird meist die Vergrößerung des Fleischanteils durch Jagd beziehungsweise Aasfressen genannt. Fleisch ist ein hochwertiges Nahrungsmittel mit einem großen Proteingehalt. Wenn es in etwa zur gleichen Zeit zur Gewöhnung an das Feuer gekommen ist, dann haben sich die Vorteile beider Verhaltensweisen wechselseitig verstärkt. Das Feuer war nicht nur ein zusätzlicher Schutz vor konkurrierenden Raubtieren, sondern es machte zudem die Nahrung besser verdaulich. Dies gilt auch für pflanzliche Kost. Da das Erhitzen Toxine zerstört, mit denen sich einige Pflanzen gegen Fressfeinde schützen, hätte sich auch in dieser Beziehung das Nahrungsangebot drastisch erweitert. Und so kann man sagen, dass einer der ersten entscheidenden Schritte der Menschwerdung die Zähmung eines wilden und gefährlichen «Raubtiers» war, des Feuers.

65. Sind Menschen «Allesfresser»?

Lässt sich die besorgniserregende Zunahme an ernährungsbedingten Zivilisationskrankheiten durch eine artgerechte Ernährung der Menschen in den Griff bekommen? Für Tiere ist die artgerechte Haltung mittlerweile eine selbstverständliche Forderung; es muss schon sehr gute Gründe geben, um Menschen dieses Tierrecht vorzuenthalten.

In diesem Zusammenhang wird oft davon gesprochen, dass Menschen Allesfresser (Omnivoren) sind. Mit diesem Namen bezeichnet man Tiere, die sowohl von pflanzlicher als auch von tierischer Nahrung leben. Zu den Allesfressern gehören neben Menschen einige Insekten wie die Schaben, verschiedene Vögel wie Möwen sowie Säugetiere wie Braunbären und Schweine. Der Ausdruck ist aber missverständlich, da er nur besagt, dass ein Tier eine tierische und pflanzliche Mischkost zu sich nimmt. Damit ist keineswegs gemeint, dass Menschen unabhängig von Zusammensetzung und Qualität alles essen können, ohne Schaden zu nehmen (Wuketits 2011).

Wie am Gebiss und am Verdauungstrakt erkennbar, sind Menschen an eine entsprechende Mischkost angepasst. Es gibt zwar Kulturen, die sich fast ausschließlich von Fleisch ernähren (wie die Eskimos) oder überwiegend vegetarisch leben (wie die Anhänger des Jainismus), aber in den meisten Ländern wird bei ausreichendem Angebot beides gegessen. Die Toleranz der Menschen unterschiedlichen Ernährungsformen gegenüber wird nun zusammen mit ethischen und ökologischen Überlegungen als Argument angeführt, um eine fleischarme und kohlenhydratreiche Ernährung aus Brot, Getreidebrei oder Maisfladen zu propagieren. Und es wird dargelegt, dass die Weltbevölkerung zu groß sei, um alle Menschen ausreichend mit Fleisch zu versorgen. All dies mag richtig sein, aber es war nicht die Frage. Es ging ja nicht darum zu diskutieren, bei welcher Minimalernährung eine maximale Zahl von Menschen lebens- und arbeitsfähig bleibt, sondern darum, wie eine artgerechte Ernährung aussieht.

Man hat versucht, die für Menschen optimale Ernährung zu finden, indem man die ursprüngliche Nahrung unserer Jäger-und-Sammler-Vorfahren rekonstruierte und mit aktuellem ernährungsphysiologischem Wissen kombinierte (Eaton & Konner 1985; Babbitt et al. 2011). Das Ergebnis war recht eindeutig, aber wenig schmeichelhaft für das heutige Angebot in Supermärkten und (Schnell-)Restaurants. Die Ernährung der Jäger und Sammler war ausgesprochen vielfältig und abwechslungsreich. Neben Fleisch gab es Fisch, außerdem die heute eher ungewöhnlichen Insekten, Schlangen und Weichtiere (z. B. Schnecken) sowie Früchte, Nüsse, Samen, Beeren, Wurzeln, Knollen, Blätter, Blüten und Pilze. Wenn also heute wider besseres Wissen eine kohlenhydratreiche Billigernährung propagiert wird, dann mag dies politisch opportun sein, mit einer optimalen, artgerechten Ernährung der Menschen hat es aber wenig zu tun.

66. Können wir die Welt erkennen? Im Alltag gehen die meisten Menschen selbstverständlich davon aus, dass die Welt, wie wir sie wahrnehmen, real ist und dass unsere Sinneseindrücke ein einigermaßen korrektes Bild liefern. Rauschzustände, Wahnvorstellungen oder optische Täuschungen gelten als Ausnahmen, die diese Regel bestätigen. Auf der anderen Seite haben Philosophen immer wieder darauf hingewiesen, dass wir keinen unmittelbaren Zugang zur Welt haben, da unsere Wahrnehmungen durch die Sinne vermittelt und erst vom Gehirn zu einem konsistenten Bild zusammengesetzt werden. Aber können wir unseren Sinneswahrnehmungen und der vom Gehirn hergestellten Realität wirklich trauen? Woher wissen wir, dass unser Bild der Welt keine Konstruktion ist, die von anderen Ursachen bestimmt wird, von individuellen Wünschen oder sozialen Interessen beispielsweise?

Die These, dass die Realität der Außenwelt ein Traum und Trugbild ist, ist nicht völlig zu widerlegen. Da aber auch nicht viel für diese Möglichkeit spricht, handelt es sich um ein reines Gedankenspiel. Interessanter ist die Frage, woher wir wissen, dass die Art und Weise, wie wir die Welt wahrnehmen, reale Eigenschaften der Objekte wiedergibt. Sind beispielsweise Zeit, Raum und Kausalität Eigenschaften der Außenwelt, oder werden sie den Wahrnehmungen vom Gehirn zugefügt, um ein stimmiges Bild herzustellen?

Auf diese Frage antwortet die Evolutionsbiologie, dass Menschen und andere Tiere nur dann überleben können, wenn die Welt in ihrem Gehirn die reale Außenwelt einigermaßen korrekt widerspiegelt. Man geht also davon aus, dass unsere Sinne und Gehirnfunktionen von der natürlichen Auslese hervorgerufen und optimiert wurden, so wie das bei allen anderen Merkmalen auch der Fall ist. Dies bedeutet, dass sie zur Lösung einer begrenzten Anzahl konkreter Aufgaben entstanden. Dazu gehörten Überleben, Fortpflanzung, Brutpflege und soziale Probleme, aber nicht die Suche nach einer allgemeinen und abstrakten Wahrheit (Vollmer 1986; Engels 1989). Aus diesem Grund nehmen wir auch nur den überlebenswichtigen Teil der physikalischen und chemischen Realität wahr. Radioaktivität beispielsweise gehörte nicht dazu, obwohl dies im atomaren Zeitalter durchaus nützlich wäre. In der Evolution stellte die natürlich vorkommende Radioaktivität aber ein seltenes und deshalb zu vernachlässigendes Problem dar.

Obwohl uns also nur ein kleiner Ausschnitt der Wirklichkeit zugänglich ist, haben wir den Eindruck eines vollständigen Bildes der Welt. Dieser Eindruck ist tatsächlich falsch und offensichtlich eine Konstruktion. Können wir wenigstens sicher sein, dass unsere Wahrnehmung trotz fehlender Details, trotz verzerrter Proportionen und phantastischer Ergänzungen eine grobe Karte bereitstellt, die eine einigermaßen verlässliche Orientierung erlaubt? Wenn die evolutionäre Erkenntnistheorie recht hat, dann ist die Antwort positiv. Denn der «Affe, der keine realistische Wahrnehmung des Astes hatte, zu dem er sprang, war bald ein toter Affe – und deshalb wurde er nicht zu einem unserer Vorfahren» (Simpson 1963: 84).

67. Kann die Evolutionstheorie die Entstehung des Bewusstseins erklären? Dies ist bisher nur in Ansätzen möglich. Die Schwierigkeiten bestehen aber (soweit bisher erkennbar) nicht auf Seiten der Evolutionstheorie, sondern weil die Funktionsweise des Gehirns von der Neurobiologie und der Hirnforschung bisher erst in groben Zügen verstanden wird. Dass die evolutionäre Erklärung der geistigen Besonderheiten der Menschen aber wahrscheinlich nur eine Frage der Zeit ist, lässt sich aus der Tatsache schließen, dass es keinen prinzipiellen Unterschied zwischen dem menschlichen Gehirn und demjenigen der anderen Tiere gibt. Die Grundkonstruktion stimmt ebenso überein wie die Art der Bausteine, die Nervenzellen. Das menschliche Gehirn ist nur eine besonders leistungsfähige Variante des bei allen Säugetieren vorhandenen Modells. Das Gehirn der Säugetiere wiederum ähnelt demjenigen der Reptilien. Infolgedessen lässt sich die evolutionäre Entstehung immer komplexerer Gehirne auch an heute lebenden Organismen nachvollziehen.

Im Prinzip ist es nicht auszuschließen, dass das Bewusstsein ein nutzloser Nebeneffekt der Konstruktions- und Arbeitsweise unseres Gehirns ist und dass dieses seine Funktionen ebenso gut unbewusst ausführen könnte. Wohl ein jeder hat schon die Erfahrung gemacht, dass man sich erfolglos bemüht, einen Namen zu erinnern oder sich für eine Handlungsoption zu entscheiden – und plötzlich ist das vergessene Wort wieder da oder die Entscheidung ist gefallen. Unser Gehirn verarbeitet kontinuierlich äußere und innere Reize, und nur ein kleiner Teil seiner Ergebnisse tritt ins Bewusstsein. Die Erkenntnisse der neueren Hirnforschung sprechen aber gegen die These, dass das Bewusstsein ein funktionsloser Nebeneffekt ist. So kann man anhand verschiedener Krankheitsbilder erkennen, dass die von uns erlebte räumliche und zeitliche Einheit der Realität erst durch eine komplexe Rechenleistung des Gehirns hergestellt wird (Metzinger 2009).

Worin die genaue Funktion des Bewusstseins besteht, wird aber noch kontrovers diskutiert, und so sei an dieser Stelle nur beispielhaft ein Aspekt herausgegriffen. Wie Sigmund Freud bemerkte, ist Denken Simulation, «probeweises Handeln mit kleinen Energiemengen, ähnlich wie die Verschiebungen kleiner Figuren auf der Landkarte, ehe der Feldherr seine Truppenmassen in Bewegung setzt» (GW 15: 96). Das bewusste Denken zeichnet sich nun dadurch aus, dass das Gehirn sich beim Denken beobachtet. Was aber simuliert der «Beobachter im Gehirn» dabei (Singer 2002)? Im Bewusstsein blicken wir gleichsam von außen auf unser Probehandeln. Diese Fähigkeit ist aber insofern nützlich, als wir so abschätzen können, wie unsere Gedanken und Handlungen auf andere Menschen wirken. Und so lässt sich der für bewusstes Denken charakteristische innere Monolog vielleicht am besten als probeweises Argumentieren und Rechtfertigen der eigenen Handlungen in einer sozialen Gemeinschaft verstehen.

68. Sind die menschlichen Moralvorstellungen angeboren? Wenn dies der Fall wäre, dann gäbe es keine hitzigen Debatten darüber, was erlaubt ist, dann hieße es nicht: «fremde Länder, fremde Sitten», und dann könnte man sich bei der Erziehung der Kinder viel Mühe ersparen. Moral, so scheint es also auf den ersten Blick, ist erlernt und eine kulturelle Errungenschaft. Auf der anderen Seite lassen sich eine ganze Reihe von allgemein verbreiteten moralischen Universalien anführen (Antweiler 2007). So ist die Tötung von Menschen nur in Ausnahmefällen und unter strengen Auflagen gestattet, Diebstahl wird nirgendwo toleriert, und sexuelle Tabus sind in allen Kulturen zu beobachten. Das universelle Vorkommen einer moralischen Regel bedeutet allerdings nicht notwendigerweise, dass diese angeboren ist, sondern sie kann auch eine Folge gleicher Lebensumstände sein. Die mittlerweile fast überall anzutreffenden Bekleidungsvorschriften beispielsweise haben sich als pragmatische Reaktion auf die Lebensweise in größeren sozialen Einheiten wie Städten herausgebildet und sind nur bedingt Ausdruck eines biologischen Schamgefühls, wie das Beispiel vieler Naturvölker zeigt. Gegen eine genetische Verankerung moralischer Grundsätze spricht auch, mit welcher Leichtigkeit diese übertreten werden, wenn keine Sanktionen oder Gegenwehr zu befürchten sind.

Gibt es moralische Intuitionen, die für das Überleben und Wohlergehen der Menschen so wichtig waren, dass sie biologisch verankert wurden? Die zentrale Bedeutung von Brutpflege und Kinderaufzucht macht plausibel, dass dem Schutz der Nachkommen vor Missbrauch und Vernachlässigung in allen Kulturen ein großer Wert zugesprochen wird. Ähnliches gilt für die sexuelle Selbstbestimmung und die Partnerwahl. Hier gibt es zwar vielfältige Regeln und Einflussnahmen durch die Eltern und andere Verwandte, aber Vergewaltigung innerhalb einer sozialen Gemeinschaft wird meist nicht toleriert. Ein zweites allgemeines Charakteristikum menschlicher Moral ist die Unterscheidung zwischen den Regeln, die innerhalb der eigenen Gruppe gelten, und dem, was nach außen, Fremden und Feinden gegenüber, gestattet ist (de Waal 2001; Bernstein et al. 2007).

Sowohl die Sorge für den Nachwuchs als auch die Bevorzugung der eigenen Familie lassen sich biologisch mit dem Prinzip der Verwandtenselektion erklären. Ergänzend gibt es moralische Intuition hinsichtlich dessen, wie man mit nichtverwandten Menschen umgehen sollte. Hier gelten eher Klugheitserwägungen. Wie Beobachtungen an Kapuzineraffen gezeigt haben, gehört auch das dabei wichtige Gefühl für Fairness und Gerechtigkeit zu unserem evolutionären Erbe (Brosnan & de Waal 2003).

Es gibt also durchaus eine ganze Reihe biologisch bedingter moralischer Intuitionen. Manche von ihnen, wie die instinktive Bevorzugung der eigenen Familie, sind unter den heutigen Lebensbedingungen eher schädlich (Vetternwirtschaft), andere, wie die Fürsorge für schwächere Gruppenmitglieder, werden weiterhin positiv bewertet. In Anbetracht der stark veränderten Lebensweise genügt es nicht, ausschließlich auf die biologischen Intuitionen zu vertrauen. Ebenso kontraproduktiv dürfte es jedoch sein, Moralvorstellungen gegen unsere Biologie erzwingen zu wollen.

69. Was hat die Erbschaftssteuer mit der Evolution zu tun? Als Evolutionsbiologe wird man häufig mit der Ansicht konfrontiert, dass die Kulturfähigkeit biologisch entstanden sein mag, dass die kulturellen Inhalte sich aber weitgehend von der Biologie abgekoppelt hätten. In einigen Bereichen ist dies sicher der Fall; es wäre aber eher verwunderlich, wenn die Kulturprodukte gar nichts mehr mit unserer Biologie zu tun hätten.

Wie genau sogar detaillierte Rechtsvorschriften mit den biologisch zu erwartenden Ergebnissen übereinstimmen, sieht man an den Freibeträgen bei der Erbschaftssteuer, die relativ eng mit dem Grad der genetischen Verwandtschaft korrelieren. In Deutschland beläuft sich der Freibetrag für Kinder zurzeit auf 400 000, für Enkel auf 200 000 Euro. Die Halbierung entspricht genau den Unterschieden im genetischen Verwandtschaftsgrad. Biologisch sinnvoll ist auch, dass die nachfolgenden Generationen bevorzugt werden, d. h., dass Kinder und Enkel höhere Freibeträge haben als Eltern oder Großeltern, da ihre Reproduktionswahrscheinlichkeit deutlich größer ist.

Den höchsten Freibetrag aber bekommen Ehepartner, d. h. Personen, mit denen der Erblasser nicht verwandt ist (500 000 Euro). Anders als bei Eltern-Kind- oder Geschwisterbeziehungen besteht zwischen Frau und Mann ein reines Bündnis auf Gegenseitigkeit, da sie ja gerade nicht miteinander verwandt sein sollten. Diese Bevorzugung der Reproduktionspartner gegenüber anderen Formen der Kooperation (mit Freunden, Geschäftspartnern usw.) macht biologisch Sinn, wirkt aber einseitig. Wie ist das zu erklären? Hier geht man traditionellerweise davon aus, dass die Ehe eine (unauflösliche) Reproduktionsgemeinschaft ist und dass das Erbe letztlich den gemeinsamen Kindern zugute kommt. Dass dieses idealisierte Bild oft nicht der Realität entspricht und zu erheblichen Spannungen führen kann, ist schon seit längerem bekannt. So schildert Gerhart Hauptmanns Schauspiel *Vor Sonnenuntergang* (1932) eindrucksvoll, welche Interessenkonflikte sich mit den Kindern aus erster Ehe auftun, wenn ein älterer Mann erneut zu heiraten gedenkt.

Auch an einem anderen Punkt entsprechen die gegenwärtigen Freibeträge den biologischen Erwartungen nur unzureichend: bei Geschwistern und deren Kindern (jeweils 20 000 Euro). Genetisch gesehen, ist man mit Geschwistern zu 50, mit Nichten und Neffen zu 25 Prozent verwandt, was dem Grad der Verwandtschaft mit Kindern beziehungsweise Enkeln entspricht. Diese besondere Bevorzugung der Kernfamilie anderen Verwandten gegenüber lässt sich durch das Geninteresse nicht erklären und erfordert eine andere, eventuell nichtbiologische Erklärung. Alles in allem ist am Beispiel der Freibeträge für die Erbschaftssteuer aber gut zu erkennen, dass sich kulturelle Inhalte ohne biologisches Wissen oft nicht verstehen lassen, dass eine vollständige Erklärung darüber hinaus jedoch historische und soziale Kenntnisse erfordert.

Der Darwin-Code: Rätsel Mensch?

70. Was ist die Natur des Menschen? Unterschiede und Veränderungen erregen unsere Aufmerksamkeit leichter als die allgegenwärtigen und beständigen Aspekte der Realität. Kulturelle Besonderheiten, fremdartige Bekleidungen, Häuser, Sitten und Speisen sind oft eindrucksvoller als die tiefer gehenden Gemeinsamkeiten. Entsprechend glaubte man, dass die menschliche Natur durch unbegrenzte Offenheit und kulturelle Formbarkeit charakterisiert sei. Diese These ist nicht ganz falsch, aber sie ist einseitig und verengt. Vergleicht man die Lebensweise der Menschen mit der anderer Organismen, dann zeigt sich, dass Menschen in ihren Gefühlen und in ihrem Verhalten keineswegs so formbar sind, wie dies der erste Blick suggeriert.

Organismen (die Phänotypen) entstehen aus dem Zusammenspiel ihrer Gene (der Genotypen) mit der Umwelt. Statt von «Genen und Umwelt» spricht man beim Menschen in Bezug auf das Verhalten auch von «Vererbung und Milieu», von «Natur und Kultur» oder von «Veranlagung und Erziehung». Zur Natur des Menschen, d. h. zu den von den Genen determinierten Merkmalen, gehört aber mehr. Da sind zunächst die körperlichen Besonderheiten, die uns von den anderen Tieren unterscheiden, wie der aufrechte Gang, der komplexe Bau der Hände, die nackte Haut, die lange Kindheit, die geistige Regsamkeit und viele weitere Details des Körpers und Verhaltens. Damit hat man jedoch nur die oberste Schicht eines viel älteren evolutionären Erbes erfasst.

In den letzten Jahren war viel vom «Fisch in uns» die Rede. Dabei ging es vor allem um den anatomischen Bau der Extremitäten der ersten Landwirbeltiere, der von ihren Vorfahren unter den Fischen stammt und der sich noch heute im Bau der menschlichen Hand nachweisen lässt. Man muss aber ebenso vom «Wurm in uns» sprechen, wenn man Grundstrukturen des menschlichen Körperbauplans in die Zeit der ersten Vielzeller vor fast einer Milliarde Jahre zurückverfolgt. Und man muss vom «Bakterium in uns» erzählen, wenn es um die grundlegenden Zellfunktionen geht, ohne die Leben nicht möglich wäre. Auf der anderen Seite muss vom «Affen in uns» die Rede sein, wenn es um Farbensehen und soziales Verhalten geht. Und nicht zuletzt muss man bei sexueller Fortpflanzung und Brutpflege vom «Säugetier in uns» sprechen.

Wie grundlegend das evolutionäre Erbe unser Leben prägt, zeigt das Beispiel der reproduktiven Arbeitsteilung zwischen den Geschlechtern. Vieles daran ist kulturell überformt und einiges ist durch unsere Säugetieranatomie vorgegeben, aber die Tatsache, dass es überhaupt eine Arbeitsteilung zwischen den Geschlechtern gibt, reicht bis zur ursprünglichen Spezialisierung zwischen nährstoffreichen Ei- und beweglichen Spermazellen zurück. Diese aber wurde vor mehr als einer Milliarde Jahren von den Einzellern erfunden.

Die Natur des Menschen ist also kein einheitliches Gebilde, sondern sie besteht aus vielen Schichten von Anpassungen, die zu unterschiedlichen Zeiten entstanden, sich überlagern, verstärken, abschwächen und modifizieren. Und sie prägt das menschliche Leben viel stärker, als wir uns das gemeinhin zugestehen (Wilson 1978; Buss 1999; Voland 2007; Junker & Paul 2009). Darwins Evolutionstheorie kann hier ein Code sein, ein geheimer Schlüssel, der ein tiefer gehendes Verständnis vieler rätselhafter Verhaltensweisen möglich macht.

71. Warum macht Essen allein nicht satt?

Wir essen, um die für unser Überleben notwendige Energie und Nährstoffe aufzunehmen. Warum aber gibt es den Kult um das Essen, warum die enormen Ausgaben für seltene Speisen und Getränke, warum die aufwändige Inszenierung der Mahlzeiten? Warum lässt ein einsam genossenes Fertiggericht auf einem Pappteller ein schales Gefühl zurück? Essen, so scheint es, erfüllt neben seinem ursprünglichen Zweck der Ernährung noch weitere biologisch wichtige Funktionen. Damit ähnelt es der Sexualität, die bei Menschen neben der Fortpflanzung eine unentbehrliche Rolle beim Werbeverhalten und zur Festigung emotionaler Bindungen spielt. In der Biologie spricht man in diesem Zusammenhang vom Funktionswechsel beziehungsweise von der Funktionserweiterung eines Merkmals. Ein bekanntes Beispiel sind die Federn der Vögel, die ursprünglich wahrscheinlich zur Wärmeisolation entstanden und später als Schwung- und Schmuckfedern zum Fliegen beziehungsweise als sexuelle Signale dienten.

Welche Funktionen hat das Essen, abgesehen von der Nahrungszufuhr? Betrachtet man die in allen Kulturen zu beobachtenden Ausgestaltungen, dann fallen zwei Charakteristika besonders ins Auge: 1. Die Mahlzeiten werden häufig aufwändig zubereitet und ästhetisch präsentiert. 2. Das Essen erfolgt oft in Gesellschaft. Was wird damit bezweckt? Beginnen wir mit dem zweiten Punkt. Der Nah-

In der Evolution der Menschen spielte die sexuelle Auslese eine bemerkenswert große Rolle. «We rose up slowly» von Roy Lichtenstein, 1964, Museum für Moderne Kunst, Frankfurt am Main.

rungserwerb war bei Menschen über lange Zeiten der Evolution Gemeinschaftsaufgabe. Die Nahrung wurde nicht direkt an der Fundstelle verzehrt, sondern nach dem Sammeln und der Jagd zu einem Lagerplatz transportiert. Dort wurde sie zubereitet und verteilt (Stanford 2001). Das gemeinsame Essen gewährleistete nicht nur die gerechte Verteilung der knappen Güter, sondern ließ zudem auf die kollektive Anstrengung eine ebensolche Belohnung folgen. Damit stabilisierte es die Gemeinschaft auf doppelte Weise. Und so verwundert es nicht, dass auch heute noch eine gemeinsame Mahlzeit am Ende eines arbeitsreichen Tages, nach einer langen Wanderung oder einer sportlichen Anstrengung ein ersehnter Höhepunkt des Tages ist. Die aufwändige Zubereitung und Präsentation der Mahlzeiten (Punkt 1) wiederum bedeutet, dass es sich um ein Signal handelt. Qualität und Luxus der Speisen sollen den Wert der Individuen und die Fähigkeiten der Gruppe nach innen und außen dokumentieren. Biologisch gesprochen, ist das Essen also Teil des erweiterten Phänotyps eines Menschen und einer Gemeinschaft (Junker & Paul 2009: 19–46).

Ist dies eine Erklärung für das Übergewicht vieler Menschen? Werden sie trotz ausreichender Kalorienzufuhr nicht wirklich satt, da ihnen beim Essen etwas Entscheidendes fehlt und sie versuchen, diesen Mangel durch Quantität zu ersetzen? Denn um wirklich satt zu werden, genügt es nicht, die richtigen Inhaltsstoffe in ausreichender Menge zu sich zu nehmen. Vielfalt, Qualität, Sinnlichkeit und Gemeinschaftlichkeit des Essens sind kein überflüssiger Luxus, sondern biologisch wichtige Elemente einer artgerechten Ernährung der Menschen.

72. Was ist falsch an Fastfood und Schokoriegeln? Viele Menschen können den Versuchungen industriell aufbereiteter Speisen nur schwer widerstehen. Gegen Hamburger und Pommes frites mit Ketchup oder Mayonnaise, Tiefkühlpizza, Schokoriegel und Chips haben gut gemeinte Ernährungsratschläge kaum eine Chance. Ihren Erfolg verdanken diese Speisen der Tatsache, dass die Nahrungsmittelkonzerne unsere evolutionär entstandenen Essinstinkte durch Konsumententests wiederentdeckt haben. Fettreiche, süße, gekochte und fleischhaltige Speisen waren in der Zeit der Jäger und Sammler überlebensnotwendig; dieses evolutionäre Erbe prägt noch heute unseren Geschmack. In gewisser Weise entspricht das Angebot von Fastfood-Ketten also genau dem, was von einer artgerechten Ernährung der Menschen zu erwarten wäre. Was also soll daran falsch sein?

Zum einen ist die Ernährung Teil der allgemeinen Lebensweise: Durch Veränderungen einer Komponente können auch andere aus dem Gleichgewicht geraten. Unser evolutionäres Ernährungsprogramm passt aber zu einer körperlich aktiven Lebensweise mit regelmäßigen Hungersituationen. Bevor unsere Jäger-und-Sammler Vorfahren Hamburger- und Pommes-frites-Äquivalente verspeisen konnten, mussten sie sich intensiv bewegen. Vor allem jedoch waren diese nicht ständig verfügbar.

Zum anderen sind wir nur begrenzt in der Lage, die Qualität der industriell aufbereiteten Nahrungsmittel zu bewerten. Unsere Sinne sind an die Reize einer natürlichen Umwelt angepasst und nicht an künstliche Ersatzstoffe (Breslin & Spector 2008). Dies erklärt beispielsweise das Scheitern des Versuchs abzunehmen, indem man Zucker durch kalorienfreien Süßstoff ersetzt. Süßstoff verspricht energiereiche Kohlenhydrate, liefert sie aber nicht, mit der Folge, dass der Körper mit einer Hungerattacke reagiert (Fowler et al. 2008).

Allgemein wird durch die Zugabe von Aromen und Geschmacksverstärkern eine Qualität der Nahrungsmittel vorgetäuscht, die nicht vorhanden ist.

Und schließlich verfügen wir nur begrenzt über die Fähigkeit, der durch die industrielle Aufbereitung möglichen Intensivierung der Reize zu widerstehen. Süße Früchte und Honig gab es ursprünglich nur zu manchen Zeiten, und dann konnte es selten zu viel sein. Aus diesem Grund ist ein feines Sensorium für Mangelsituationen entstanden, aber kaum ein Widerwille gegen Überfluss.

Was also kann man tun? Der erste Ratschlag wird sein, sich mehr zu bewegen, bevor man isst, sowie regelmäßig und bewusst Mangelsituationen herbeizuführen (Fasten). Gegen die supernormalen Reize industrieller Nahrung hilft eigentlich nur der weitgehende Verzicht. Denn ähnlich wie Opium, das die Ausschüttung körpereigener Endorphine simuliert, ohne dass ein geeigneter Anlass besteht, greifen sie auf unsere evolutionären Instinkte zu und machen Versprechungen, die sie nicht halten. Und so kann man industriell aufbereitete Nahrung mit einigem Recht als eine Droge bezeichnen, der viele Menschen zu ihrem eigenen Schaden nicht widerstehen können.

73. Warum sind Männer größer als Frauen?

Warum nicht gleich groß oder kleiner? Und warum beträgt der Größenunterschied rund 15 und nicht 50 oder 100 Prozent? Dass dies nicht unmöglich ist, zeigt der Vergleich mit anderen Tierarten. So erreichen die Männchen bei Robbenarten wie dem Nördlichen Seebären fast die doppelte Körperlänge der Weibchen und das fünffache Gewicht. Das andere Extrem sind die winzigen Männchen mancher Tiefsee-Anglerfische, die als Parasiten auf den Körpern der Weibchen leben und über deren Blutkreislauf ernährt werden. Die körperlichen Unterschiede zwischen den Geschlechtern sind keineswegs beliebig, sondern sie wurden durch die natürliche und sexuelle Auslese für die Lebensweise und das Paarungssystem der jeweiligen Art optimiert (Alexander et al. 1979).

Ist der Größenunterschied zwischen Frauen und Männern durch Unterschiede in der Lebensweise bedingt? Dieser Faktor hat sicher eine gewisse Rolle gespielt. Da Frauen während der Schwangerschaft und Stillzeit bestimmte körperliche Tätigkeiten weniger gut ausführen können, kam es zur Arbeitsteilung bei der Nahrungsbeschaffung, wobei Frauen bevorzugt sammelten, während Männer eher jagten.

Bei Säugetieren entstehen Größenunterschiede zwischen den Geschlechtern aber meist durch die sexuelle Auslese. So hatte schon Darwin darauf hingewiesen, dass es in «monogamen Arten [...] einen geringen Größenunterschied zwischen den Männchen und Weibchen gibt» (1874: 219). Leben einzelne Männchen dagegen mit mehreren Weibchen zusammen, lässt sich meistens ein deutlicher Größenunterschied feststellen. Haremsstrukturen (polygyne Paarungssysteme) bilden sich aus, wenn die Verteilung der Brutplätze oder der Nahrung viele Weibchen an einem Ort zusammenführt. Dann können Männchen ihren Fortpflanzungserfolg dadurch optimieren, dass sie körperlich gegeneinander kämpfen. Dadurch werden Merkmale wie größeres Körpergewicht oder stärkere Aggressivität selektiert (Plavcan & van Schaik 1997).

Die Tatsache, dass Männer im Durchschnitt 15 Prozent größer sind als Frauen, spricht für eine milde Form der Polygynie (Vielweiberei) beim Menschen. Polygynie muss nicht notwendigerweise mit einer Haremsstruktur einhergehen, sondern kann auch die Form serieller Monogamie annehmen. Dabei haben einige Männer nacheinander mit verschiedenen Frauen Kinder, während andere leer ausgehen. Diese Schlussfolgerung lässt sich durch weitere biologische Merkmale erhärten, die bei Säugetieren mit Polygynie gekoppelt sind. Männchen werden unter diesen Bedingungen eher auf Erfolg in aggressiven Auseinandersetzungen als auf Langlebigkeit selektiert (Clutton-Brock & Isvaran 2007). Infolgedessen ist die Sterblichkeit männlicher Embryonen höher, weshalb mehr Jungen als Mädchen gezeugt und geboren werden. Männliche Jugendliche kommen später in die Pubertät und sterben häufiger. Und schließlich altern Männer schneller und leben kürzer als Frauen.

74. Warum sind Frauen schön? Das menschliche Schönheitsempfinden wird oft als subjektiv und als ein zeitlich und kulturell höchst variables Phänomen beschrieben. Aus Sicht der Evolutionsbiologie kann man dieser Aussage nur teilweise zustimmen. Es ist zwar richtig, dass die «Schönheit im Auge des Betrachters liegt», aber ebendieses «Auge» ist in der Evolution entstanden. Deshalb wurden bestimmte Eigenschaften wie glatte Haut, symmetrische Gesichtsform und die typisch weiblichen beziehungsweise männlichen Körperformen, die Gesundheit, Jugend und Reproduktionsfähigkeit signalisieren, zu allen Zeiten als attraktiv empfunden (Morris 2005). Zudem gibt es bei allen Tierarten artspezifische sexuelle Signale, die Reaktionen des Begehrens auslösen, welche dem menschlichen Schönheitsempfinden entsprechen. In einigen Fällen, wie bei bunten Federn, teilen wir diese Präferenzen. In anderen, wie bei manchen Geruchssignalen, fehlt uns das Sensorium. Und wieder andere, wie die grellroten, geschwollenen Genitalien mancher Affenarten, empfinden wir als hässlich.

Allgemein gilt, dass Merkmale als attraktiv («schön») empfunden werden, wenn sie gute Gene und Leistungsfähigkeit signalisieren. Damit dient Schönheit einem Zweck: Sie sollen geeignete Sexualpartner anlocken. Es handelt sich also um Werbung für ein Produkt – die eigenen Gene. Wenn sich bei Tierarten besonders extravagante Präsentationen finden, dann zumeist bei den Männchen, während die Weibchen oft eher unscheinbar sind. Von dieser Regel gibt es interessante Ausnahmen: Arten, bei denen die Weibchen auffälliger sind oder bei denen beide Geschlechter ihren Wert durch aufwändige Signale demonstrieren. Dies ist auch beim Menschen der Fall. Warum?

Die Schönheit der Frauen ist Werbung für sich (und ihre Gene). Werbung ist aber nur notwendig, wenn das andere Geschlecht umworben werden muss. In der Evolution der Menschen muss es also über lange Zeiten eine sexuelle Auslese gegeben haben, bei der Frauen um Männer konkurrierten und Männer wählerisch waren. Männer sind aber nur dann sexuell wählerisch, wenn sie damit rechnen müssen, dass ihre sexuellen Aktivitäten mit hohen Kosten in Form elterlichen Aufwandes verbunden sind (Trivers 1972). Für Frauen war diese Konsequenz, die Schwangerschaft, immer schon unmittelbar gegeben, aber die Schönheit der Frauen ist ein Beleg dafür, dass sich auch die Männer ihrer Verantwortung meistens nicht entziehen konnten.

Ohne das elterliche Investment der Männer wären die Frauen nicht schön, dann hätten sie keine Busen, keine glatte und zarte Haut, keine Taille, keine runden Hüften, keine ebenmäßigen Gesichter und sinnlichen Lippen. Der hohe elterliche Aufwand beim Menschen hat also eine besonders intensive sexuelle Auslese nach sich gezogen. Man mag dies beklagen, aber sollte auch bedenken, dass ohne diesen Anreiz weder die Schönheit des menschlichen Körpers noch die Kunst entstanden wären.

75. Warum macht Sex Spaß? Ganz richtig trifft die Frage das Phänomen eigentlich nicht. Denn Sex macht zwar auch Spaß, aber der Orgasmus ist mehr, eine Quelle einzigartiger und außergewöhnlicher Lustempfindungen. Allgemein werden Tiere und Menschen durch positive Gefühle zu einem Verhalten im Sinne der Verbreitung der eigenen Gene motiviert. Die Belohnung wiederum muss besonders groß sein, wenn das Verhalten sowohl wichtig als auch mit Anstrengungen und Gefahren verbunden ist. Warum ist dies bei der Sexualität der Fall? Wenn man in diesem Zusammenhang nicht nur an die Risiken der sexuellen Konkurrenz und der Schwangerschaft denkt, sondern die Mühen der Partnersuche und Werbung einbezieht und nicht zuletzt die jahrelange Sorge für die Kinder berücksichtigt, dann wirken die besonderen Lustgefühle beim Orgasmus nicht übertrieben. Zudem wird sexuelles Verhalten nicht generell mit positiven Gefühlen belohnt. Um die besondere Lustprämie, den Orgasmus, zu erhalten, muss die Situation richtig und der Partner geeignet sein. Die Gene halten uns hier offensichtlich an einer recht kurzen Leine.

Der ursprüngliche Zweck sexuellen Verhaltens leuchtet unmittelbar ein: Es ist die Fortpflanzung, die Verbreitung der Gene. Schon ein paar oberflächliche Beobachtungen zeigen aber, dass dies nur eine von mehreren biologisch wichtigen Funktionen sein kann (Diamond 1997). So werden die meisten Leser ein krasses Missverhältnis zwischen der Zahl ihrer Kinder und der Häufigkeit ihres Geschlechtsverkehrs feststellen können. Interessanterweise haben Menschen mit der Erfindung der Verhütungsmittel nur eine evolutionär entstandene, physiologische Anpassung perfektioniert. So bleibt den Männern der Zeitpunkt des Eisprungs verborgen, d. h., sie wissen nicht, wann die Frauen fruchtbar sind, da sie während ihres gesamten Zyklus sexuell attraktiv und aktiv sind (Alexander & Noonan 1979). Dies und die Tatsache, dass die menschliche Sexualität sehr viel mehr Varianten als den vaginalen Geschlechtsverkehr umfasst, macht kontinuierliche sexuelle Kontakte möglich und nötig.

Welche biologischen Funktionen hat die Sexualität neben der Fortpflanzung? Zum einen ist sie Teil des Werbeverhaltens. Auch bei anderen Tieren endet die weibliche Wahl nicht mit dem Beginn der Kopulation, sondern erst wenn die Eizelle tatsächlich befruchtet wurde. Der Geschlechtsverkehr ist also nicht das Ende der Werbung, sondern eine weitere, besonders intensive Phase. Zum anderen dient die sexuelle Lust beim Geschlechtsverkehr der Herstellung und Festigung emotionaler Bindungen. Man wird hier zunächst an die Paarbindung denken, die wegen der aufwändigen Sorge um den Nachwuchs notwendig wurde (Junker & Paul 2009: 47–77). Emotionale Bindungen sind aber auch in anderen sozialen Kontexten wichtig; entsprechend vielfältig und abgestuft können sexuelle Handlungen sein.

76. Ist Homosexualität widernatürlich?   Seit sich Künstler, Politiker und andere Prominente als Homosexuelle outen, ohne größere Nachteile befürchten zu müssen, scheint homosexuelles Verhalten in unserer Gesellschaft weithin akzeptiert zu sein. Diese demonstrative Toleranz täuscht aber darüber hinweg, dass ein beträchtlicher Teil der Bevölkerung und einflussreiche gesellschaftliche Gruppen, wie die christlichen Kirchen, ihre traditionellen Vorbehalte keineswegs aufgegeben haben. Dem liegt oft ein biologisches Argument zugrunde: Da das sexuelle Interesse am eigenen Geschlecht die Fortpflanzung verhindert (oder zumindest reduziert), sollten die entsprechenden Gene kontinuierlich seltener werden. Man könnte also vermuten, dass Homosexualität nicht erblich ist, sondern durch hormonelle Einflüsse im Mutterleib, durch (früh-)kindliche Erfahrungen oder durch Verführung entsteht. Tatsächlich gibt es Hinweise, dass Umwelteinflüsse eine gewisse Rolle spielen, dass Homosexualität aber auch durch erbliche Faktoren bedingt ist (Sommer 1990). Hierfür sprechen Zwillingsstudien, das kultur- und zeitübergreifende Vorkommen sowie die erstaunliche Erziehungs- und Therapieresistenz.

Was spricht für die These, dass Homosexualität zum biologisch vorgegebenen Verhaltensrepertoire der Menschen gehört? Erste Antwort: Bei Menschen gibt es ein nicht unbeträchtliches Maß an reproduktiver Arbeitsteilung. Wie die meisten Säugetiere bevorzugen sie es zwar in der Regel, eigene Kinder zu zeugen oder auszutragen. Daneben behauptet sich aber noch die alternative Strategie der indirekten Fortpflanzung, bei der ein Individuum seinen Verwandten (und damit seinen eigenen Genen) hilft, sei es in bestimmten Lebensphasen (nach den Wechseljahren) oder generell. Auf diese Weise können auch Gene für Homosexualität erhalten bleiben. Warum kommt es dann aber nicht zum Verzicht auf Sexualität, da diese doch ihren Nutzen verloren zu haben scheint?

Dazu eine zweite Antwort: Sexualität beim Menschen dient *auch* der Fortpflanzung, zugleich hat sie aber eine soziale Bindungsfunktion. Und die dritte Antwort: Menschliche Gruppen sind nur stabil, wenn die intrasexuelle Konkurrenz abgeschwächt ist und auch zum eigenen Geschlecht positive emotionale Beziehungen bestehen. In diesem Sinne ist offene Homosexualität nur eines der beiden Extreme menschlichen Sozialverhaltens; auf der anderen Seite gibt es Individuen, die Schwierigkeiten haben, emotionale Beziehungen zum eigenen Geschlecht aufzubauen. Beide Extreme führen zu weniger Nachkommen, mit der Folge, dass das genetische Gleichgewicht erhalten bleibt (Heterozygotenvorteil).

Noch weiß man nicht, welche Gene für die Ausprägung hetero- und homosexuellen Verhaltens beim Menschen verantwortlich sind. Dies ist aber nicht ungewöhnlich, da es bis heute schwierig ist, selbst bei eindeutig erblichen Merkmalen wie der Körpergröße alle relevanten Gene zu identifizieren. Es gibt aber gute evolutionsbiologische Gründe anzunehmen, dass Homosexualität zum natürlichen Verhaltensspektrum der Menschen gehört und dass sowohl die ausgelebte Homosexualität Einzelner als auch die latente Bisexualität aller unabdingbare Voraussetzungen für den Bestand sozialer Gruppen beim Menschen sind.

77. Warum sinkt die Geburtenrate mit steigendem Einkommen?

Alle heute existierenden Organismen stammen von einer ununterbrochenen Reihe von Vorfahren ab, die dem biologischen Imperativ, der Fortpflanzung, seit dem Beginn des Lebens vor rund vier Milliarden Jahren gehorchten. Die Gene der Individuen, denen dies nicht gelang oder die andere Lebenszwecke verfolgten, verschwanden dagegen aus der Keimbahn (natürliche Auslese). Dies ist der Grund, warum alle Organismen einen so starken Lebenswillen haben und warum sexuelles Begehren so machtvoll ist.

Wenn dem so ist, dann wirkt es seltsam, wie wenig ausgeprägt der Kinderwunsch vieler Menschen ist, die sich aufgrund ihrer wirtschaftlichen und sozialen Situation Nachwuchs leisten könnten. Und so glaubte man, hier einen grundlegenden Fehler im evolutionsbiologischen Argument entdeckt zu haben, oder meinte, einen Beweis dafür in Händen zu halten, dass die Menschen sich durch die Kultur längst aus den Zwängen der Biologie befreit haben. Sind diese Einwände wirklich zwingend, oder lässt sich die sinkende Geburtenrate doch biologisch erklären?

Wie bei anderen Lebensbereichen – der Ernährung, dem sozialen

Zusammenleben, der Kunst und Religion – kommt es darauf an, das konkret beobachtete Verhalten aus der Wechselwirkung von Genen und Umwelt zu verstehen. Auch hier gilt: Unsere genetischen Verhaltenspräferenzen sind Anpassungen an das Leben als Jäger und Sammler und passen nur bedingt zur neuen Umwelt der Zivilisation. Warum also können die Reproduktionsstrategien unserer Vorfahren bei der heutigen Lebensweise zu einer vergleichsweise niedrigen Geburtenrate führen?

Zunächst ist es wichtig, sich zu vergegenwärtigen, dass dem biologischen Ziel der maximalen Verbreitung der Gene nicht unbedingt mit einer maximalen Geburtenrate am besten gedient ist. Eine optimale Strategie hat auch limitierende Faktoren zu berücksichtigen: Der Nachwuchs muss beschützt, ernährt und erzogen werden. Zudem müssen die Eltern für ihr eigenes Überleben und Wohlergehen sorgen. Und schließlich macht die begrenzte Zahl der Versuche eine sorgfältige Wahl des Partners und des Zeitpunktes notwendig (Lee 1987; Kaplan & Robson 2002).

Wie andere Tiere auch sind Menschen deshalb darauf programmiert, den Zeitpunkt der Fortpflanzung so lange hinauszuschieben, bis die bestmöglichen Bedingungen gegeben sind. Diese verzögernden Tendenzen wurden im Naturzustand durch den Sexualtrieb ausbalanciert, der oft auch unter nichtoptimalen Umständen zur Schwangerschaft führte. Die heutigen Lebensbedingungen haben dieses Gleichgewicht nun in vielfältiger Weise gestört und verändert. Man denke nur an Altersversorgung und Verhütungsmittel, an lange Ausbildungszeiten und die Anforderungen des Berufslebens. Wie diese Faktoren sich im Einzelnen auswirken, ist Gegenstand intensiver Diskussionen, deshalb sei an dieser Stelle nur festgehalten, dass die Verringerung der Kinderzahl oder sogar der Verzicht auf Nachkommen sich durchaus biologisch erklären lassen, dass dies aber evolutionär nicht folgenlos bleiben wird.

78. Kann man Selbstmordattentate biologisch erklären? Gene, die zu selbstmörderischem Verhalten führen, dürfte es – von seltenen Neumutationen abgesehen – gar nicht geben. Und doch gibt es sie. Ameisen beispielsweise sind bereit, zur Verteidigung der Kolonie Selbstmord zu begehen. Auf besonders eindrucksvolle Weise tun dies die Arbeiterinnen zweier *Camponotus*-Arten aus den Regenwäldern Malaysias. Diese Ameisen besitzen zwei riesige Drüsen, die mit giftigen Sekreten gefüllt sind. Wenn sie von feindlichen Ameisen oder anderen Angreifern bedrängt werden, ziehen sie ihre Bauchmuskeln so heftig zusammen, dass ihre Körperwand aufbricht – explodiert – und die Sekrete freisetzt (Maschwitz & Maschwitz 1974).

In allgemeiner Form wurde der Gedanke, wie die Selbstaufopferung einzelner Individuen durch die natürliche Auslese entstehen kann, bereits von Darwin formuliert. Im Jahr 1964 zeigte William D. Hamilton (1936–2000), dass der reproduktive Erfolg eines Individuums (seine inklusive Fitness) sowohl davon abhängt, wie viel Nachwuchs es selbst produziert, als auch davon, ob seine Verwandten durch seine Hilfe mehr Nachwuchs hervorbringen können. Im Prinzip ist die indirekte Fortpflanzung eine mögliche Strategie aller Lebewesen, sie führt aber nur dann zur Selbstaufopferung, wenn die Individuen in sozialen Verbänden mit ihren engsten Verwandten zusammenleben und diese als solche erkennen. Dies lässt sich sehr eindrucksvoll an der embryologischen Entwicklung vielzelliger Organismen zeigen.

Der Körper eines Tieres oder einer Pflanze ist ein Zusammenschluss aus ursprünglich selbstständigen Einzelorganismen (den Zellen). Die Zellen in einem Organismus sind nun extrem eng miteinander verwandt. Von gelegentlichen Neumutationen abgesehen, sind sie genetisch identisch, eineiige Zwillinge sozusagen. Bestimmte körperliche Strukturen und Funktionen werden aber nur möglich, wenn einzelne Zellen gezielt absterben (Apoptose). So haben wir getrennte Finger und Zehen, weil die dazwischenliegenden (Haut-)Zellen einen programmierten Zelltod erleiden.

Biologisch gesehen, kann der Selbstmord einzelner Individuen also durchaus Sinn machen, wenn dadurch die unmittelbaren Verwandten und letztlich die eigenen Gene bevorteilt werden. Dies gilt auch für Menschen und erklärt, warum sich in extremen Situationen immer wieder Individuen finden, die bereit sind, für ihre Gemeinschaft in den Tod zu gehen. Die weitgehende Auslöschung ganzer Populationen, wie dies die Legende vom Massenselbstmord der Lemminge behauptet, lässt sich so aber nicht erklären. Sie bleibt, was sie ist – ein Märchen.

79. Warum gibt es die Kunst? Obwohl die schönen Künste – Malerei, Bildhauerei, Architektur, Musik und Literatur – aus evolutionsbiologischer Perspektive keine Ausnahmestellung beanspruchen können, hat es sich als schwierig erwiesen, den mit ihnen einhergehenden Selektionsvorteil zu benennen (Menninghaus 2003; Boyd 2005; Eibl-Eibesfeldt & Sütterlin 2007). Dieses lag an ungelösten Problemen der Evolutionstheorie, aber auch daran, dass es sich bei der Kunst um ein sehr komplexes Phänomen handelt. In ihr sind Ästhetik, Luxus, Phantasie und symbolische Bedeutung auf eine einzigartige Weise verschmolzen. Es genügt daher nicht, die Funktion der einzelnen Elemente zu erklären, sondern darüber hinaus muss zudem gezeigt werden, warum sie in der Kunst zu einem einheitlichen Phänomen wurden.

Die Elemente der Kunst lassen sich auf verschiedene biologische Grundphänomene zurückführen: Die formale Ästhetik (Schönheit, Besonderheit) eines Kunstwerks soll die genetischen Qualitäten ihrer Produzenten und Besitzer signalisieren. Luxus, Verschwendung und lebenspraktische Nutzlosigkeit lassen sich laut der Handikap-Theorie als Ehrlichkeitssignale verstehen (vgl. Frage 38). Die (symbolische) Bedeutung von Kunstwerken ist Ausdruck ihrer sozialen Funktion als ein Mittel der Kommunikation. Kunst ist also eine Sprache. Schließlich verweist der fiktionale Charakter der Kunst darauf, dass sie Wünsche und Gefühle repräsentiert. Und so lässt sich die Kunst als eine Technik verstehen, die es den Menschen ermöglicht, sich in unmittelbarer und intensiver Weise über ihre (unbewussten) Gefühle und Ziele zu verständigen und diese zu koordinieren (Junker & Paul 2009: 144–64).

Warum aber wird die Gefühls- und Wunschwelt in einzigartiger Weise verherrlicht, warum gibt es die Kunst? Die aufwändige Art der Präsentation lässt nur den Schluss zu, dass die Verständigung über Gefühle und Wünsche ausgesprochen wichtig, aber auch sehr täuschungsanfällig ist. Die unterschiedlichen Interessen bringen zwangsläufig Konflikte, Verrat und Schmarotzertum mit sich. Trotz alledem müssen sich die Gruppenmitglieder ihres Wohlwollens und Vertrauens versichern. Die Gemeinsamkeit der Ziele, ohne die eine menschliche Gemeinschaft nicht existieren könnte, ist also sowohl unentbehrlich als auch zerbrechlich. Mit der Kunst erreichen und feiern die Menschen nichts anderes als die (partielle) Lösung eines der größten Probleme, vor denen jede Gemeinschaft aus Individuen mit unterschiedlichen Interessen steht: die Koordination und Synchronisation ihrer divergierenden Ziele als Voraussetzung für eine erfolgreiche Kooperation.

80. Ist Religion eine Anpassung? Religiöse Menschen haben mehr Kinder als ungläubige. Dies gilt nicht für alle Konfessionen, aber der statistische Zusammenhang ist doch recht eindeutig. Merkmale und Verhaltensweisen, die dem Überleben beziehungsweise der Fortpflanzung dienen, nennt man in der Biologie Anpassungen. Entsprechend wurde die These vertreten, dass der religiöse Glaube eine biologische Anpassung ist (Vaas & Blume 2009). Dieses Argument sieht völlig davon ab, ob die jeweiligen Glaubenssätze richtig oder falsch sind und ob es Götter gibt oder nicht. Der Gottesglaube kann also durchaus ein Wahn sein, aber eben ein biologisch nützlicher Wahn.

Wie erhöhen Religionen die biologische Fitness ihrer Anhänger? Hier wird neben der psychischen Stabilisierung der Individuen vor allem auf die gemeinschaftsbildenden Effekte verwiesen. Da Menschen vielfältige Methoden der Gemeinschaftsbildung entwickelt haben – körperliche und sexuelle Kontakte, Uniformierung, Gemeinschaftsrituale (Tänze, Schauspiele, Feste, Mahlzeiten), gemeinsame Phantasien (Mythen), verbale Kommunikation (Sprache) und Mischformen wie Kunst und Religion –, stellt sich die Frage, was das Besondere am religiösen Glauben ist. Ein wichtiger Punkt ist, dass Religionen Gebote, Verbote und Ziele vorgeben, die sie von übernatürlichen Wesen ableiten. Dadurch verleihen sie den sozialen Regeln unbedingte Geltung, mit der Folge, dass diese stabiler, aber auch leichter zu missbrauchen sind, da sie nicht in Zweifel gezogen werden dürfen. Religion ist also eine effektive, aber autoritäre Methode der Gemeinschaftsbildung bei Menschen (Wilson 1978: 169–93).

Ähnlich wie die Kunst bündelt die Religion zudem kollektive Phantasien, Gefühle und Wünsche. Sie erreicht dieses Ziel aber nicht durch ästhetische Aufwertung, sondern durch Versprechungen (Paradies) und Drohungen (Hölle). Es ist deshalb sicher kein Zufall, dass alle heutigen größeren Religionen nach der Neolithischen Revolution entstanden, d. h., nachdem es zur Bildung von Städten und Staaten, zu Arbeitsteilung und zu einem enormen Machtgefälle kam. Unter den Bedingungen von Sklaverei, Leibeigenschaft oder anderen Formen der Ausbeutung klaffen die Interessen zwischen Herrschern und Beherrschten so weit auseinander, dass Letztere nur mehr partiell – durch Brot und Spiele – zur Kooperation verführt werden können. Kunst dagegen gibt es seit mehr als 40 000 Jahren. Und so kann man sagen, dass Religion die jüngere, autoritäre Schwester der Kunst ist. Sie dient der Gemeinschaftsbildung in hierarchischen Systemen, die Kunst in egalitären Gruppen (Junker & Paul 2009: 174–85). Ist Religion also eine Anpassung? Die Antwort ist Ja, aber nur unter bestimmten Umweltbedingungen.

81. Warum wollen wir glücklich sein?

Zuerst die schlechte Nachricht: Glücksgefühle werden immer nur für einen begrenzten Zeitraum empfunden, und sie sind nach Anstrengungen, Entbehrungen und Gefahren besonders intensiv. Und die gute Nachricht? Sind die richtigen Voraussetzungen gegeben, dann sind die Möglichkeiten, glücklich zu sein, fast unbegrenzt. Welchen evolutionären Zweck hat Glück, das Gefühl steter Freude?

Angenehme Gefühle, Zufriedenheit und Lust sind das Zuckerbrot der Evolution. Wenn dem so ist, dann müssten wir besonders glücklich sein, wenn wir Dinge tun, die die Verbreitung unserer Gene fördern, und unglücklich, wenn uns dies nicht gelingt. Ist das der Fall? Glück in der Liebe und sexuelles Glück stehen in der Tat auf der Wunschliste der meisten Menschen ganz oben. Alles andere wäre aus biologischer Sicht auch verwunderlich. Es gibt aber noch eine ganze Reihe anderer Quellen des Glücks, deren biologische Nützlichkeit nur teilweise auf Anhieb einleuchtet: Erfolg, Sicherheit, Gesundheit, wissenschaftliche und künstlerische Arbeit, gutes Essen und Trinken, Freunde, interessante Gespräche und vieles mehr. Aber auch hier muss man davon ausgehen, dass das Gefühl des Glücks bedeutet, dass dieses Verhalten evolutionär nützlich ist (oder war). Worin der konkrete Nutzen jeweils besteht, dies kann je nach Lebenssituation recht unterschiedlich sein. Allgemein ist der hedonistische Wunsch nach Lebensfreude, Wohlergehen und Glück biologisch wichtig, da ein Individuum sich nur fortpflanzen kann, wenn es überlebt und lebenskräftig ist (Buss 2000).

Warum ist das Glück so schwer zu erreichen? Ein offensichtliches Hindernis sind die Naturgesetze und die äußere Umwelt, die unseren Wünschen enge Grenzen setzen. Ähnliches gilt auch für die soziale Umwelt mit ihren vielfältigen Interessenkonflikten, die zur Folge haben, dass das Glück eines Menschen oft das Unglück eines anderen ist. Nicht zu unterschätzen ist auch die evolutionär entstandene psychische Konstitution der Menschen; da Glück Belohnung für Erfolg ist, kann es nie dauerhaft empfunden werden. Zudem geraten die beiden hauptsächlichen Quellen des Glücks – Fortpflanzung und Wohlergehen – nicht selten in Widerspruch zueinander, da Fortpflanzung wegen der Gefahren von Schwangerschaft und sexueller Konkurrenz oft lebensverkürzend ist. Und schließlich entstanden durch die Zivilisation neue Glückstechnologien, aber auch neue Quellen des Unglücks. Denn Glückstechnologien, die die Erfüllung unserer Wünsche lediglich simulieren, können nur kurzfristige Effekte haben, da sich unser biologischer Lust-Unlust-Mechanismus nicht beliebig manipulieren lässt. Auf Dauer kann Opium die körpereigenen Endorphine nicht ersetzen, positives Denken kann nicht an die Stelle echter Erfolge treten, Pornographie und Süßstoff sind lediglich mangelhafte Notbehelfe für reale Sexualität und echten Zucker.

Aus Sicht der Biologie muss man wohlfeilen Glücksversprechungen also mit Skepsis begegnen. Glück ist Belohnung für Erfolg, wobei die angestrebten Ziele, unsere Wünsche, biologisch vorgegeben und nur begrenzt modifizierbar sind.

Abschied vom Darwinismus?

82. Warum gibt es den Konflikt zwischen Evolutionstheorie und Schöpfungsglauben? Ohne die Evolutionstheorie sind die Existenz und Zweckmäßigkeit der Organismen wissenschaftlich nicht zu erklären. Noch Mitte des 19. Jahrhunderts gab es folglich eine riesige Wissenslücke, die sich mit religiösen Schöpfungsideen füllen ließ. Mit Darwins *Entstehung der Arten* änderte sich die Situation grundlegend und das religiöse Wunder verschwand aus der Biologie: Die «natürliche Auslese wird den Glauben an die fortgesetzte Schöpfung neuer Lebewesen verbannen» (1859: 95–96). Viele Vertreter der religiösen Weltanschauung nahmen Darwin die Vertreibung des Schöpfergottes aus der belebten Natur sehr übel und waren nicht gewillt, dieses Terrain, bei dem es ja nicht zuletzt um die Menschen ging, kampflos preiszugeben. Damit aber wurde die Evolution zum vielleicht wichtigsten Streitpunkt zwischen Wissenschaft und Religion.

Zudem hatte Darwin innere Schwächen und Widersprüche der religiösen Weltanschauung aufgedeckt. Zum einen kritisierte er die mangelnde Erklärungskraft der Schöpfungsideen: «Aus der gewöhnlichen Sicht, nach der jede Art unabhängig erschaffen wurde, gewinnen wir keine wissenschaftliche Erklärung irgendeiner dieser Tatsachen [der Biologie]. Wir können nur sagen, dass es dem Schöpfer gefallen hat zu befehlen, dass die früheren und gegenwärtigen Bewohner der Welt in einer bestimmten Ordnung und in bestimmten Gebieten erscheinen sollten.» Aber, so fährt er fort, «durch solche Aussagen gewinnen wir kein neues Wissen, wir verbinden nicht Tatsachen und Gesetze miteinander; wir erklären nichts» (1868, 1: 9).

Zum anderen machte Darwin darauf aufmerksam, dass die Natur nicht so aussieht, als sei sie von einem allmächtigen und gütigen Gott erschaffen worden: «Es scheint mir zu viel Elend in der Welt zu geben. Ich kann mich nicht überzeugen, dass ein wohlwollender und allmächtiger Gott absichtlich die Schlupfwespen erschaffen haben würde, mit der ausdrücklichen Absicht ihrer Fütterung in den lebenden Körpern von Raupen» ([1860] 1985 ff., 8: 224).

Für das Christentum sind Tod und Leiden Folgen des Sündenfalls. Dieses Argument lässt sich aber nur einigermaßen glaubhaft vertreten, wenn Menschen und andere Organismen mehr oder weniger gleichzeitig entstanden sind. Die Evolutionsbiologie behauptet hingegen, dass es den Tod schon bei den ersten Lebewesen vor vier Milliarden Jahren, Schmerzen und Leiden schon bei den frühen vielzelligen Tieren vor mehr als 600 Millionen Jahren gab. Da Menschen aber erst seit zwei Millionen Jahren existieren, können sie schlecht für den Tod und das Leiden in den unermesslichen Zeiten vor ihrer Entstehung verantwortlich gemacht werden. Und so hat die Evolutionsbiologie das Theodizee-Problem (die Rechtfertigung Gottes in Anbetracht der Übel und Unvollkommenheiten der Welt) verschärft, indem sie der traditionellen religiösen Antwort die Grundlage entzog.

Schöpfungsideen sind noch heute weit verbreitet. In Deutschland beispielsweise glaubt rund die Hälfte der Bevölkerung, dass die Entstehung beziehungsweise Evolution der Organismen von einem höheren Wesen gelenkt wurde (Graf 2010). Global gesehen, muss man davon ausgehen, dass die Evolutionstheorie nur einer informierten Minderheit geläufig ist und dass sie von noch weniger Menschen verstanden und akzeptiert wird. Glücklicherweise, so möchte man anmerken, ist Wahrheit aber keine Frage von Mehrheiten.

83. Was sagen die großen christlichen Kirchen zur Evolution?

Diese Frage ist nicht ganz einfach zu beantworten, da es innerhalb der Kirchen kontroverse Diskussionen darüber gibt, welche Konsequenzen die Evolutionstheorie für den religiösen Glauben hat. In der Regel legen die Kirchenvertreter aber großen Wert darauf zu betonen, dass sie die Evolution der Organismen uneingeschränkt akzeptieren. Zugleich bekräftigen sie ihr Glaubensbekenntnis, dass der christliche Gott die Welt, die Lebewesen und vor allem die Menschen erschaffen hat.

Evolution und Schöpfung werden verbunden, indem man sagt, dass die Entwicklung des Lebens von einem intelligenten und guten höheren Wesen gelenkt wurde und wird. Die Steuerung der Evolution soll aber nicht durch materielle Ursachen erfolgen, sondern durch einen rein geistigen Vorgang, einen schöpferischen Willen. Der christliche Gott soll also nicht körperlich arbeiten wie ein Handwerker, sondern gedanklich wie ein Theologieprofessor. Man glaubt auch das Ziel zu kennen, auf das die Entwicklung des Lebens seit seinen Anfängen zusteuerte: Es ist die Entstehung der Menschen und ihres Geistes.

Wenn all dies stimmt, dann hat die Evolutionsbiologie unrecht, wenn sie behauptet, dass die Entwicklung des Lebens ausschließlich

Die Vielzahl der Karikaturen von Charles Darwin zeigt, welche Widerstände seine Theorien hervorriefen.

durch Zufall und Notwendigkeit bestimmt wird, dass die Evolution kein Ziel hat und dass die Entstehung der Menschen ein eher unwahrscheinliches Zufallsereignis war. Wie gehen die großen Kirchen Deutschlands mit diesen offensichtlichen Widersprüchen um?

Der katholischen Kirche zufolge überschreitet die Wissenschaft ihre Grenzen und kommt zu falschen Aussagen, wenn sie den Plan in der Evolution leugnet und die Vernunftfähigkeit der Menschen als biologische Anpassung erklärt (Horn & Wiedenhofer 2007). In der evangelischen Kirche wird argumentiert, dass es zwar in sich stimmig und richtig sei, wenn die Naturwissenschaften die Evolution als Folge von Zufall und Notwendigkeit beschreiben. Dies sei aber nur die materielle Seite der Phänomene, daneben gebe es noch eine weitere (geistige) Dimension, die sich nur den Gläubigen erschließe (EKD 2008: 11). Dass ein höheres Wesen die Welt erschaffen hat und die Evolution steuert, sei also naturwissenschaftlich weder zu beweisen noch zu widerlegen. Es muss geglaubt werden.

Gemeinsame Überzeugung beider Kirchen ist, dass es Bereiche der Wirklichkeit gibt, zu denen die Wissenschaft nichts sagen kann und darf. Die «menschliche Vernunft» (im Katholizismus) beziehungsweise jeder einzelne Gläubige (im Protestantismus) können diese Grenzen dagegen überschreiten und exklusives Offenbarungswissen gewinnen. Und so glauben die Theologen eine grundlegende Wahrheit über die Natur zu kennen, die den Evolutionsbiologen bisher entgangen ist: dass die Entstehung (bzw. die Evolution) der Lebewesen von der göttlichen Vorsehung bestimmt wurde und wird.

84. Warum lehnen Kreationismus und Intelligent Design die Evolutionstheorie ab?

Viele religiöse Menschen haben Schwierigkeiten mit der Idee, dass der Gott der Bibel zwar einerseits allgegenwärtig sein soll, dass sich sein Wirken in der Natur aber nirgends konkret festmachen lässt. Dies ist einer der Gründe, warum in den letzten Jahrzehnten Strömungen Zulauf gewonnen haben, die der Evolutionstheorie auch auf ihrem eigenen Feld, der Naturerklärung, religiöse Modelle entgegensetzen. Man sieht den christlichen Gott als Ingenieur und Handwerker, der in den Lauf der Welt eingreift und die Lebewesen oder einzelne ihrer Merkmale direkt erschafft. Als Sammelbegriff hat sich «Kreationismus» (Schöpfungslehre) eingebürgert, nach englisch «creation» für Schöpfung. Zwei in den USA entstandene Strömungen haben in diesem Zusammenhang besondere Aufmerksamkeit erfahren, der Kurzzeit-Kreationismus und die Intelligent-Design-Bewegung.

Der Kurzzeit-Kreationismus behauptet, dass die Welt vor vielleicht 10 000 Jahren vom Gott des Alten Testaments erschaffen wurde, mit Organismen, die sich nur wenig von den heute lebenden unterscheiden (Whitcomb & Morris 1961). Man beruft sich dabei auf die biblischen Texte und fordert, diese auch in den Naturwissenschaften als wörtlich verstandene, verbindliche Wahrheit vorauszusetzen. Schöpfungsgeschichte, Sündenfall und Sintflut gelten als reale geschichtliche Ereignisse, Adam und Eva waren echte Personen, Menschen und Dinosaurier haben zusammengelebt, und vor dem Sündenfall haben sich auch Raubtiere von pflanzlicher Kost ernährt. Da die Evolutionstheorie zu anderen Aussagen kommt, wird sie als Irrtum beziehungsweise Fälschung atheistischer Wissenschaftler generell abgelehnt.

Eine andere kreationistische Strömung, die Intelligent-Design-Bewegung, glaubt nicht, dass sich die Organismen und ihre Merkmale durch natürliche Ursachen erklären lassen (Behe 1996). Man müsse vielmehr annehmen, dass es einen intelligenten Konstrukteur gibt. Merkmale wie die Geißel der Bakterien (Flagelle), die es ihnen erlaubt, sich wie mit einem Schiffspropeller fortzubewegen, sollen irreduzibel komplex sein. Damit ist gemeint, dass sie nicht durch allmähliche

Veränderungen aus einfacheren Vorformen entstanden sein können. Aus politischen Erwägungen verzichtete man zunächst darauf, den Designer mit dem christlichen Gott zu identifizieren. Es ist aber unverkennbar, dass hier unter einem neuen Namen die vor Darwin allgemein verbreitete Idee wiederbelebt wurde, der zufolge die Zweckmäßigkeit der Lebewesen ein Beweis für die Existenz eines Schöpfers sei (teleologischer Gottesbeweis). Da das Intelligent-Design-Argument sich auf die Kritik an der wissenschaftlichen Evolutionstheorie beschränkt, lässt es sich mit verschiedenen Varianten des Schöpfungsglaubens verbinden. Und es ist mit der Evolution vereinbar, wenn man davon ausgeht, dass diese vom intelligenten Konstrukteur beeinflusst wird.

85. Was antworten Evolutionsbiologen auf die religiöse Kritik?

Sollte der Kurzzeit-Kreationismus recht haben und die Erde wäre wirklich nur 10 000 Jahre alt, dann würde dies nicht nur die Evolutionsbiologie betreffen. Dann wäre ziemlich viel von dem falsch, was in der Kosmologie, der Physik, der Chemie und der Geologie als gesichertes Wissen gilt. Wie wahrscheinlich aber ist es, dass es in den Naturwissenschaften bislang übersehene, aber weitreichende und grundlegende Irrtümer gibt, auf die man erst durch die Lektüre der biblischen Legenden aufmerksam wird? Und seltsam auch, dass Autos, Flugzeuge und Computer, die ja nichts anderes sind als technische Anwendungen ebendieser angeblich fehlerhaften Theorien, alles in allem ganz passabel funktionieren.

Auf das Argument der Intelligent-Design-Bewegung, dass es irreduzibel komplexe biologische Strukturen gibt, kann man zum einen antworten, dass sich bei vielen komplexen Merkmalen wie dem Auge der Wirbeltiere Übergangsformen sehr wohl rekonstruieren ließen. Auch bei dem gerne angeführten Beispiel der Bakteriengeißel ist man auf einem guten Weg. Zum anderen sind echte oder angebliche Wissenslücken der Evolutionsbiologie noch kein Beweis für Aktivitäten eines Schöpfergottes. Dazu müssten die Schöpfungsakte selbst nachgewiesen werden. Da dies aber bisher nicht gelang, erschöpft sich die Intelligent-Design-Bewegung in der sterilen Behauptung, dass einige biologische Merkmale nicht auf natürliche Weise entstanden sein können.

Was ist zur These der großen Kirchen zu sagen, dass die Evolution mehr ist als Zufall und Notwendigkeit? Bis in die 1950er Jahre hat sich eine ganze Reihe bedeutender Biologen bemüht, eine Gerichtetheit der Evolution nachzuweisen. Diese Versuche sind allesamt gescheitert, und entsprechende Thesen werden mittlerweile kaum noch vertreten. Man kann die Frage auch anders stellen: Wenn die Entstehung der Menschen und ihres Geistes das wichtigste Ziel der Evolution war, warum hat dies vier Milliarden Jahre gedauert und warum ist dieser Weg von Umwegen und Sackgassen gekennzeichnet? Warum beispielsweise wurden die Dinosaurier vor rund 250 Millionen Jahren erschaffen, um sie dann vor 65 Millionen Jahren wieder zu vernichten? Auf diese Fragen gibt es von religiöser Seite keine Antwort, sondern man verweist darauf, dass die Erkenntnisfähigkeit der Menschen nicht ausreiche, um den göttlichen Plan in seiner Gesamtheit zu überblicken, und dass er deshalb letztlich ein Geheimnis bleiben müsse.

Solange es aber keine überprüfbaren Belege gibt, ist die Behauptung, dass die Evolution dem schöpferischen Willen eines höheren Wesens folgt, ein reines Gedankenspiel. Wem dieses Trost spendet, der mag daran festhalten. Es wäre aber ein Irrtum, hierbei auf eine Bestätigung durch die Wissenschaft zu hoffen. Dies zumindest ist die Meinung fast aller führenden Naturwissenschaftler. Als man im Jahr 1998 den in der amerikanischen Akademie der Wissenschaften (NAS) vertretenen Biologen die Frage stellte, ob sie an einen persönlichen Gott glauben, antworten nur 5,5 Prozent mit Ja (Larson & Witham 1998). Die Autoren fassten ihre Studie mit den Worten zusammen: «Unter den führenden Naturwissenschaftlern ist der Unglaube weiter verbreitet als jemals zuvor – er ist fast vollständig.»

86. Gibt es Übereinstimmungen zwischen Evolution und Schöpfungsgeschichte?

Dieser Versuchung können viele religiöse Menschen nicht widerstehen: In Anlehnung an einen Bestseller der 1950er Jahre – *Und die Bibel hat doch recht* – hoffen sie in den Berichten des Alten Testaments (oder des Korans) auch Wahrheiten über die Natur zu finden. Die biblischen Legenden sollen mehr sein als zeitgebundene Dokumente eines urtümlichen und in vielerlei Hinsicht irrigen Weltverständnisses und göttliche Inspiration verraten.

Wenn es Übereinstimmungen zwischen dem Schöpfungsbericht der Bibel und der modernen Evolutionstheorie geben sollte, dann wäre dies in der Tat interessant. Werfen wir einen Blick auf die evolutionsbiologischen Grundideen. Diese gehen von einer allmählichen

Veränderung und Aufspaltung von Arten über lange Zeiträume aus, postulieren die gemeinsame Abstammung der großen Tier- und Pflanzengruppen und letztlich aller Organismen und behaupten, dass all dies durch einen ungeplanten Naturprozess bewirkt wird. Gibt es in dieser Hinsicht Übereinstimmungen? Abgesehen von der sehr allgemeinen Aussage, dass die Organismen nicht auf einmal, sondern nacheinander entstanden sind beziehungsweise erschaffen wurden, findet sich keine der evolutionstheoretischen Grundideen im Bibeltext, sondern gerade das Gegenteil: Die Rede ist von der getrennten Schöpfung (unveränderlicher) Tier- und Pflanzengruppen in kurzer Zeit durch ein übernatürliches Wesen. Auch die zeitlich gestaffelte Schöpfung der Organismen als solche entspricht ganz und gar nicht dem evolutionären Szenario, denn es ist ja nicht so, dass beispielsweise erst alle Pflanzen entstanden und dann verschiedene Tiergruppen, sondern die Evolution der Pflanzen- und Tierarten erfolgte parallel, in ökologischen Zusammenhängen. In Bezug auf die Grundideen gibt es also keine Übereinstimmung, sondern tief greifende Unvereinbarkeiten und Widersprüche.

Es wurde auch behauptet, dass eine recht gute Übereinstimmung zustande kommt, wenn man die Tage der Schöpfungsgeschichte durch Phasen (oder lange Zeiten) der Evolution ersetzt (Reichholf 2007: 120–21). Ist das der Fall? Nach den biblischen Legenden beginnt die Erschaffung der Lebewesen am dritten Tag, und zwar mit den Landpflanzen. Am vierten Tag folgt dann die Erschaffung von Sonne, Mond und Sternen. Abgesehen davon, dass einige Sterne um ein Mehrfaches älter sind als die am ersten Tag erschaffene Erde, sind grüne Pflanzen auf die Photosynthese und damit auf Sonnenlicht angewiesen. Durch «lange Zeiten» der Evolution sollen sie also ohne ihre primäre Energiezufuhr ausgekommen sein, eine abwegige Vorstellung. Am fünften Tag folgen Wassertiere und Vögel. Hierzu ist zu sagen, dass sowohl die wasserlebenden Säugetiere (Wale) als auch die Vögel von bodenlebenden Landtieren abstammen, die zu diesem Zeitpunkt laut der Bibel noch nicht existieren. Weiter sollte beachtet werden, dass die ersten Wassertiere der Evolutionsbiologie zufolge deutlich früher entstanden als die Landpflanzen, und nicht umgekehrt.

Diese wenigen kurzen Hinweise mögen genügen, um zu zeigen, dass es keine Übereinstimmungen zwischen Evolution und Schöpfungsgeschichte gibt, die über Zufälligkeiten hinausgehen. Nur wenn man diese wenigen Punkte willkürlich herausgreift und andere ignoriert, ergibt sich ein anderes Bild. Mit dieser Methode ließe sich aber auch beweisen, dass Astrologen die Zukunft voraussagen können.

87. Warum kann es echte Selbstlosigkeit in der Natur nicht geben?
Die Evolutionstheorie macht es ihren religiösen Anhängern nicht leicht. Kaum hatten sie sich mit der Vertreibung der Schöpfungsidee aus der Biologie und mit der Affenabstammung der Menschen abgefunden, wurde das zentrale christliche Gebot der Selbstlosigkeit als widernatürlich gebrandmarkt. Mehr als das: Es sei nicht nur undurchführbar, sondern sogar schädlich für jede Gemeinschaft, da es unkooperatives Verhalten belohne (Milinski & Rockenbach 2008). Und so arbeiten sich Philosophen, Theologen und Journalisten bis heute an den Thesen ab, die Richard Dawkins in seinem Buch *Das egoistische Gen* (1976) popularisiert hatte. Warum beharrt die Evolutionsbiologie so eisern auf dem Egoismus? Wäre die menschliche Gesellschaft nicht besser, wenn die Menschen weniger egoistisch wären?

Der Grundgedanke findet sich schon bei Darwin: «Wenn bewiesen werden könnte, dass irgendein Teil des Baus irgendeiner Art zum ausschließlichen Wohl einer anderen Art geformt wurde, würde dies meine Theorie vernichten, da so etwas nicht durch die natürliche Auslese produziert worden sein kann» (1859: 201). Die Schönheit der Blumen beispielsweise kann es nicht nur geben, damit sich Menschen an ihr erfreuen, sondern sie muss den Pflanzen selbst nützen. Auch Pflanzen konkurrieren um Lebensraum und Sonnenlicht. Wenn sie Energien in eine für sie selbst nutzlose Aktivität stecken, werden sie anderen Pflanzen, die dies nicht tun, unterliegen und aussterben. Darwins Argument wurde später auf Individuen und einzelne Gene ausgeweitet, und bis heute ist es nicht widerlegt.

Wie aber lassen sich dann die unzweifelhaften Akte von Selbstlosigkeit bei Menschen und anderen Tieren erklären? Die biologische Antwort ist, dass ein Individuum, das seinen Verwandten hilft, nicht gegen, sondern für seine Interessen handelt, da es so indirekt die Verbreitung seiner Gene fördert. Selbstlosigkeit Verwandten gegenüber ist also in Wirklichkeit eine Form des Genegoismus. Auch für andere Formen sozialen oder scheinbar selbstschädigenden Verhaltens gibt es biologische Erklärungen. So wird generöses und großzügiges Verhalten als Signal gedeutet, das dem Ansehen in einer sozialen Gemeinschaft dient (Nørretranders 2002).

All dies bedeutet nicht, dass es klug ist, sich rücksichtslos zu verhalten. Menschen sind auf Gemeinschaft angewiesen, und sie dienen ihren Interessen meist sehr viel besser, wenn sie zusammenarbeiten. Insofern kann Kooperation eine durchaus erfolgversprechende Strategie sein. Dies gilt aber nur, wenn dabei die Eigeninteressen der Individuen gewahrt bleiben (Trivers 1971). Echte Selbstaufopferung kann es also nur als kulturelles Artefakt und als seltene Ausnahme geben. Ob dies schade ist, sei dahingestellt. Denn man könnte auch argumentieren, dass eine Gesellschaft, in der die Interessen der Individuen ernst genommen werden, letztlich menschenfreundlicher und lebenswerter ist.

88. Warum stürzen sich Lemminge massenweise in den Tod? In einer eindrucksvollen Szene zeigte der preisgekrönte Disney-Film *White Wilderness* (1958), wie zahllose Lemminge bei der verzweifelten Suche nach neuem Lebensraum von einer Klippe springen und in das kalte arktische Meer hinausschwimmen, wo sie elend zugrunde gehen. Bei drohender Übervölkerung sollen die sympathischen kleinen Wühlmäuse gemeinsam zu einer letzten Wanderung aufbrechen, die sie in den sicheren Tod führt. Nur wenige Individuen bleiben zurück, die sich vermehren, bis sich das tragische Ereignis wiederholt. Ihren Ursprung hat die Geschichte vom Massenselbstmord der Lemminge in skandinavischen Legenden; nun schien sie auch filmisch dokumentiert.

Wie kann eine entsprechende genetische Veranlagung entstehen und erhalten bleiben? Wenn die todesmutigen Individuen in regelmäßigen Abständen massenhaft sterben und jeweils nur die ängstlichen überleben, wird die Anlage für vorsichtiges Verhalten einen Selektionsvorteil mit sich bringen. Schon nach wenigen Jahren sollten die ängstlichen Individuen überwiegen und die selbstmörderischen Massenwanderungen hätten ein Ende. Aus evolutionsbiologischer Sicht ist die Geschichte also wenig glaubhaft.

Wie aber sind dann die Legenden zu erklären? Bei Lemmingen gibt es im Frühjahr und Herbst jahreszeitlich bedingte Wanderungen. Und wie bei vielen Tierarten gibt es starke Bevölkerungsschwankungen, die von den Wetterbedingungen und der Zahl der Räuber abhängen (Gilg et al. 2003). Nach günstigen Jahren mit stark angewachsenen Beständen kommt es im Herbst zu Massenwanderungen. An Engstellen kann es dann zu so dichten Ansammlungen kommen, dass Panik ausbricht und die Tiere kopflos fliehen, zu Tode stürzen oder ertrinken. Es handelt sich aber gerade nicht um selbstmörderisches Verhalten, sondern die Lemminge sind bei ihren Wanderungen vom Überlebenswillen motiviert. Finden dabei Tausende den Tod, so ist dies eine Folge nicht vermeidbarer Gefahren und unglücklicher Umstände. Dass sie freiwillig oder instinktiv aus dem Leben scheiden würden, ist eine völlig unzutreffende Interpretation.

Wenn in den alten skandinavischen Volksmärchen falsche Schlüsse gezogen wurden, so ist dies entschuldbar. Was aber ist mit den dramatischen Filmaufnahmen aus *White Wilderness*? Nun, bei diesen handelte es sich, wie im Jahr 1983 gezeigt wurde, um eine Inszenierung. Zunächst wurden gekaufte Lemminge an den Drehort geschafft, dann erzeugte man durch trickreiche Kameraeinstellungen den Eindruck einer Massenwanderung, und schließlich trieben und warfen die Filmemacher die armen Tiere über die Klippen. Es ist eine fast schon bittere Ironie der Geschichte, dass *White Wilderness* ausgerechnet im Darwin-Jahr 1959 mit dem Oscar für den besten Dokumentarfilm ausgezeichnet wurde. Denn hätten die Filmemacher, die Jurymitglieder und die Zuschauer Darwin gelesen und verstanden, dann hätten sie gewusst, dass die Geschichte vom selbstmörderischen Massenexodus der Lemminge nicht stimmen kann.

89. Ist das adaptionistische Programm widerlegt? Darwin erklärte mit der natürlichen Auslese nicht nur, warum Organismen (auch) zweckmäßige Eigenschaften haben. Konsequent weitergeführt, impliziert sein Modell, dass *alle* ihre Eigenschaften zweckmäßig sind oder waren. Er sprach in diesem Zusammenhang von der «utilitarian doctrine» («Nützlichkeitstheorie»). Diese besagt, dass «jede Einzelheit der Struktur [...] für das Wohl ihres Besitzers erzeugt» wurde und dass «sie entweder von besonderem Nutzen für einen Vorfahren war oder dass sie jetzt von besonderem Nutzen für die Nachkommen dieser Form ist, entweder direkt oder indirekt durch die komplexen Gesetze des Wachstums» (1859: 199–200).

Aus diesem Grundgedanken Darwins entstand eine Forschungsrichtung, die als adaptionistisches Programm bezeichnet wird. Sie geht davon aus, dass es sich bei jeder beliebigen komplexeren erblichen Eigenschaft mit großer Wahrscheinlichkeit um eine Anpassung handelt oder handelte. Diese These blieb schon im 19. Jahrhundert nicht unwidersprochen. Ende der 1970er Jahre kritisierten Stephen

Jay Gould (1941–2002) und Richard Lewontin (*1929) dann die These von der «Allmacht» der natürlichen Auslese in einem vielzitierten Artikel (1979). Das adaptionistische Programm präsentierten sie als eine Neuauflage der optimistischen Philosophie des 18. Jahrhunderts, der zufolge wir in der besten aller denkbaren Welten leben. Schon der französische Aufklärer Voltaire hatte sich in seinem Roman *Candide oder Der Optimismus* (1759) über diese Weltsicht lustig gemacht: «Bemerken Sie bitte, dass die Nasen geschaffen wurden, um Brillen zu tragen, so haben wir denn auch Brillen» (1991: 9).

Gould und Lewontin forderten nun, dass die Evolutionsbiologen nicht länger Anpassungsgeschichten («adaptationist storys») für isolierte Merkmale erzählen sollten, sondern zufälligen und nicht unmittelbar nützlichen Merkmalen und Zwängen («constraints») größere Beachtung schenken müssten. Auch sage der gegenwärtige Nutzen eines Merkmals nichts darüber aus, warum dieses ursprünglich entstanden sei, wie das Beispiel der Nase als Sitz der Brille zeige.

Evolutionsbiologen wie Ernst Mayr (1983) argumentierten, dass diese Einwände in Einzelfällen berechtigt seien, dass sie den Kern des adaptionistischen Programms aber nicht treffen würden. Denn schließlich sei es eine ernsthafte Frage, warum Menschen verglichen mit anderen Menschenaffen so große Nasen haben. Wie Gould selbst betonte, bedeutet der Verzicht auf eine adaptive Erklärung nicht den generellen Verzicht auf eine Erklärung. Dieser Punkt aber erwies sich bald als Achillesferse der Anti-Adaptionisten. So einfach es war, die selektionistischen Erklärungen als Anpassungsgeschichten zu kritisieren, so schwierig war es oft, eine eigene plausible Story dagegenzusetzen, d. h. eine Hypothese, die verständlich gemacht hätte, wie ein Merkmal auf nichtadaptive Weise entstanden ist.

So musste Gould scharfe Kritik für seine These einstecken, dass es sich beim weiblichen Orgasmus um einen biologisch funktionslosen, nichtadaptiven Nebeneffekt handelt, ähnlich wie man dies für die Brustwarzen der Männer postulierte. Den Orgasmus soll es nur geben, weil die Männer ihn benötigen, wegen der weitgehend parallelen embryologischen Entwicklung komme er aber bei beiden Geschlechtern vor. Da half es auch kaum mehr, dass Gould später betonte, dass er gegenüber Versuchen, dem weiblichen Orgasmus eine wichtige eigene biologische Funktion zuzusprechen, keine «Feindseligkeit» verspüre (2002: 1262–64).

Bislang konnte sich keine der rivalisierenden Gruppen auf Dauer durchsetzen. Eines aber hat die Geschichte der Kontroverse deutlich gemacht: Das adaptionistische Programm ist keineswegs widerlegt. Vielmehr wurde Darwins kühne Behauptung, dass jedes einzelne Detail im Bau jedes Organismus einen Nutzen für das Individuum hat oder für seine Vorfahren hatte, zur Grundlage eines enorm fruchtbaren Forschungsprogramms.

90. Wird die Epigenetik die Evolutionstheorie revolutionieren?

Von Ausnahmen abgesehen, besitzen alle Zellen eines Organismus die gleichen Gene. Warum aber gibt es dann unterschiedliche Zelltypen, warum gibt es Haut-, Leber-, Herz- und Gehirnzellen? Die Antwort ist, dass aus einer einzigen befruchteten Eizelle unterschiedliche Zelltypen hervorgehen, weil jeweils andere Gene an- und abgeschaltet werden. Die Wissenschaft, die sich mit den Mechanismen der Steuerung der Genaktivität in den Zellen beschäftigt, nennt man Epigenetik. Sie untersucht biologische Veränderungen, die *nicht* durch Mutationen, d. h. nicht durch Änderungen der DNA-Sequenz, verursacht werden – daher der Name «Epi-Genetik» (von griech. *epi* «nach»).

Dass Zellen und Organismen sich trotz übereinstimmender Gene je nach Umwelt und Lebensbedingungen recht unterschiedlich entwickeln können, wusste man schon lange. Die zugrunde liegenden molekularen Mechanismen sind aber sehr komplex und werden auch heute nur ansatzweise verstanden. Am bekanntesten ist die Methylierung, bei der einzelne DNA-Bausteine chemisch verändert werden, was zur Folge hat, dass das Gen nicht abgelesen wird. Dieser Prozess wird von den Zellen selbst gesteuert, und er ist reversibel (Delcuve et al. 2009).

Was hat die Steuerung der Genaktivität mit Evolution zu tun? Zum einen handelt es sich bei den epigenetischen Mechanismen um genetische Anpassungen, die in der Evolution entstanden sind. So können viele Pflanzen, Tiere und Pilze ihre DNA durch Methylierung chemisch verändern, während Fliegen und manche Würmer (Nematoden) auch ohne diesen Mechanismus auskommen. Dies spricht dafür, dass die Methylierung sehr früh in der Evolution entstand (vor mehr als 1,6 Milliarden Jahren) und eine wichtige Funktion hat. Man vermutet, dass die Fähigkeit zur epigenetischen Feinsteuerung der Genaktivität von Vorteil ist, weil sie reversible phänotypische Reaktionen auf kurzfristige Umweltveränderungen ermöglicht. Zum anderen ist die Steuerung der Genaktivität für die Zelldifferenzierung notwendig. Ohne entsprechende Mechanismen gäbe es keine Arbeitsteilung zwischen verschiedenen Zelltypen und infolgedessen auch keine höheren Tiere und Pflanzen.

Bei der Differenzierung der Zellen entstehen Expressionsmuster, die bei der Zellteilung an die Tochterzellen weitergegeben werden und garantieren, dass aus einer Hautzelle wieder eine Hautzelle und nicht beispielsweise eine Leberzelle wird. Im übertragenen Sinn wird das epigenetische Muster also an die Tochterzellen «vererbt». In den Ei- und Samenzellen werden die epigenetischen Informationen wieder weitestgehend gelöscht. Beträchtliches Medieninteresse hat nun die Beobachtung ausgelöst, dass sie in manchen Fällen doch an die Nachkommen weitergegeben werden können (Jablonka & Lamb 1995). So konnte bei Mäusen gezeigt werden, dass Verhaltensauffälligkeiten, die durch traumatische Erlebnisse wie Vernachlässigung hervorgerufen wurden, noch bei der nächsten Generation auftreten. Dies sind interessante und möglicherweise bedeutsame Ergebnisse, aber mit Evolution haben sie nichts zu tun. Epigenetische Muster verändern die DNA-Sequenz ja gerade nicht, und deshalb verschwinden sie meist ebenso schnell, wie sie entstanden sind.

Epigenetische Mechanismen sind biologische Anpassungen, die es den Organismen ermöglichen, ohne genetischen (d. h. evolutionären) Wandel reagieren zu können und diese Erfahrungen in begrenztem Maße an ihre Nachkommen weiterzugeben. In dieser Hinsicht ähneln sie der kulturellen Vererbung, bei der Eltern ihren Kindern Wissen vermitteln. Die Evolutionstheorie wird dies nicht revolutionieren, aber es wird sie in womöglich interessanter Weise ergänzen.

91. Sind die Gene unser Schicksal? Der Streit darüber, ob menschliche Verhaltensweisen angeboren sind und welche Bedeutung demgegenüber der Umwelt und besonders der Kultur zukommt, wird seit vielen Jahrhunderten ausgefochten. Zu bestimmten Zeiten betonte man eher die Macht der Natur, zu anderen die Rolle der Kultur, und meist gaben weniger die besseren Argumente als der Zeitgeist den Ausschlag. Man ist sich mittlerweile zumeist einig, dass beide Faktoren zusammenkommen müssen und dass der Phänotyp, d. h. der reale Organismus, im Wechselspiel von Genotyp und Umwelt entsteht. Damit ist aber die Frage noch nicht beantwortet, wie sich das Verhältnis bei konkreten Eigenschaften darstellt. Was ist beispielsweise mit der Intelligenz, mit künstlerischen Fähigkeiten oder mit der Neigung zu Aggression und Übergewicht? Wodurch wird Homosexualität bewirkt, wodurch die Verhaltensunterschiede zwischen Frauen und Männern?

In den letzten Jahren wurde diese Debatte durch die Epigenetik, die Wissenschaft von den zellulären Mechanismen zur Steuerung der Genaktivitäten, neu belebt, und das Pendel neigte sich wieder zur Umwelt. Die epigenetischen Erkenntnisse hätten gezeigt, dass die DNA und die Gene kein Schicksal seien, sondern dass jeder Mensch durch seinen Lebensstil ein beträchtliches Maß an Kontrolle über sein genetisches Erbe ausüben könne. Durch Bewegung und gesunde Ernährung lasse sich die geistige und körperliche Leistungsfähigkeit erhalten; Krankheiten wie Depression, Diabetes oder Krebs seien zu verhindern. Meist gehen diese Empfehlungen kaum über die ebenso unbestrittene wie alte Forderung hinaus, Körper und Geist zu üben, aber nicht zu überfordern. Beeindruckende Wortschöpfungen wie «Epigenom» oder «epigenetischer Code» können kaum darüber hinwegtäuschen, dass die Erforschung der Gensteuerung noch in den Kinderschuhen steckt.

Was lässt sich allgemein zur These sagen, dass die Gene sich durch den Lebensstil steuern lassen? Für die allermeisten grundlegenden Aspekte unseres Lebens ist dies nicht richtig. So verdanken wir es ausschließlich unseren Genen, dass wir Menschen und beispielsweise keine Schimpansen sind, dass wir als Frau oder als Mann heranwachsen und dass unser Körper oder unser Verhalten dem vorgegebenen Verlauf von Kindheit, Jugend und Erwachsenenalter folgt. Auch bestimmte Begabungen lassen sich nicht beliebig erzwingen. Nicht jeder ist zum Basketballspieler oder zum Opernsänger geboren. In all diesen Fällen sind die Gene eben doch unser Schicksal. Die Entfaltung dieser Merkmale lässt sich durch die Umwelt zwar stören, aber nicht grundlegend hervorrufen oder verändern.

Vielleicht ist es auch gar nicht so schlecht, dass sich unsere Gene nur begrenzt und mit Mühe besiegen lassen. Steuerung kann auch Manipulation bedeuten. Die Frage, ob das in den populären Büchern zur Epigenetik so gerne beschworene «Wir» tatsächlich für den individuellen Menschen und nicht viel eher für politische oder ökonomische Interessengruppen steht, ist durchaus berechtigt.

92. Beeinflussen die Zellen ihre evolutionäre Zukunft?

Erbliche Veränderungen der DNA (Mutationen) erfolgen zufällig, d. h. ohne Rücksicht auf die Bedürfnisse der Organismen. Auf der anderen Seite gehört es zu den auffälligsten Eigenschaften aller Lebewesen, dass sie aktiv und gezielt auf ihre Umwelt reagieren können. Warum sollte dies ausgerechnet dann nicht der Fall sein, wenn es um das Wichtigste überhaupt geht, um ihr evolutionäres Schicksal? Wäre ein Mechanismus, der gezielte genetische Veränderungen möglich macht, nicht ein enormer Selektionsvorteil?

Die Nobelpreisträgerin Barbara McClintock (1902–1992) war der Überzeugung, dass es solche Mechanismen tatsächlich gibt. Das Genom sei ein höchst empfindsames Organ der Zelle, das ungewöhnliche und unerwartete Ereignisse wahrnehmen könne und auf diese reagiere, indem es sich selbst in einer «wohlüberlegten» Weise umbaue (1984: 798, 800–01). Sie glaubte auch, einen molekularen Mechanismus entdeckt zu haben, der dies ermöglicht: die springenden genetischen Elemente (Transposons).

Transposons sind fast so alt wie das Leben selbst und kommen im Erbmaterial aller Organismen vor. Sie nutzen die zelluläre Maschinerie dazu, sich selbst zu kopieren und an beliebiger Stelle im Genom neu einzubauen. Die Ähnlichkeit mit bestimmten Viren deutet darauf hin, dass es sich ursprünglich um parasitische DNA-Abschnitte gehandelt hat, die im Laufe vieler Millionen Jahre von ihren Wirten unschädlich gemacht, «domestiziert» wurden. Werden Transposons bei ihren Sprüngen an Stellen eingebaut, an denen sich keine aktiven Gene befinden, bleibt dies meist folgenlos. Landen sie hingegen in aktiven Genen, können sie deren Funktion stören und zu schwerwiegenden Erkrankungen führen. Aus diesem Grund ist in der Evolution ein ganzes Arsenal von Abwehrmechanismen entstanden, die die Transposons unter Kontrolle halten (Epping 2009).

Können sie auch nützliche Funktionen haben, wie McClintock vermutete? Dafür sprechen in der Tat einige Beobachtungen: Manchmal verändern oder erweitern die springenden Elemente die Funktion eines Gens, in dessen Nähe sie landen, in positiver Weise. Wahrscheinlich wurden die Transposons aus diesem Grund nicht aus dem Genom von Pflanzen und Tieren entfernt, sondern werden mit hohem Aufwand bei jeder Zellteilung kopiert und weitergegeben. Man konnte auch zeigen, dass Phasen beschleunigter Evolution mit erhöhter Aktivität der springenden Elemente einhergehen. Allerdings ist zu bedenken, dass die Erhöhung der Mutationsrate oder der Aktivität der Transposons unter Umweltstress auch dadurch entstehen kann, dass die Fehlerrate aufgrund der begrenzten Reparaturkapazitäten der Zellen ansteigt (Bergman & Siegal 2003).

Die weitergehende Spekulation, dass die Zellen in der Lage sind, ihr Genom gezielt umzubauen, ist aber äußerst unwahrscheinlich. Woher soll eine Zelle wissen, was die geeignete Mutation oder was der adäquate Landeplatz für ein Transposon ist, so dass genau diejenigen neuen Gene entstehen, die sie benötigt, um in einer feindlichen Umwelt zu überleben? Bis jetzt wurde jedenfalls kein zellulärer Mechanismus entdeckt, der die dafür notwendigen Sinnes- und Steuerungsleistungen auch nur annähernd ausführen könnte.

93. Könnte alles auch ganz anders sein?

Wer kennt sie nicht, die Gedankenexperimente der Philosophen und Sciencefiction-Autoren: Die Welt und ihre scheinbare Geschichte wurden erst vor zehn Minuten erschaffen, einschließlich unserer falschen Erinnerungen an frühere Zeiten sowie Fossilien von Dinosauriern, die niemals existierten. Vielleicht leben wir ja auch in der Computersimulation einer überlegenen Zivilisation, unsere Realität ist vorgetäuscht, und unsere Gedanken existieren nur in dieser Simulation? Diese und ähnliche phantastische Szenarien sind bekanntermaßen nicht absolut zu widerlegen. Abgesehen von der Tatsache, dass sich die meisten dieser Gedankenspiele gegenseitig ausschließen, kann man sich auch fragen, was für eine Art von Gott ein so perfides Täuschungsmanöver inszenieren würde oder aus welchen Motiven eine außerirdische Zivilisation unsere virtuelle Realität konstruieren sollte. Trotzdem, es könnte in der Tat alles anders sein – wahrscheinlich ist das aber nicht, und so genießen die meisten von uns den freien Flug der Phantasie, ohne an der Realität der Welt, in der wir leben, zu zweifeln.

Man kann die Frage auch anders stellen. Vorausgesetzt, die Welt existiert, unsere Wahrnehmungen sind im Großen und Ganzen zutreffend und die Erkenntnisse der anderen Naturwissenschaften, der Physik, Geologie und Chemie, sind im Wesentlichen richtig – lässt sich dann ein nichtevolutionäres Modell für die Phänomene der Biologie denken? Gibt es eine naturwissenschaftliche Alternative zur Evolutionstheorie? Eine solche Erklärung gab es mit den Urzeugungstheorien bis Mitte des 19. Jahrhunderts in der Tat. Mittlerweile sind diese Ideen völlig verschwunden, sogar die Erinnerung an ihre

Existenz ist nur noch wissenschaftshistorisch interessierten Lesern bekannt. Der Grund ist, dass es nicht nur extrem unwahrscheinlich, sondern praktisch ausgeschlossen ist, dass ein komplexes Lebewesen, ein Elefant beispielsweise, oder auch ein Einzeller, durch Selbstorganisation der Materie direkt entsteht. Weitere alternative Erklärungsversuche aber wurden bisher nicht zur Diskussion gestellt. Die Evolutionstheorie ist also nicht nur durch eine Vielzahl von Beobachtungen bestätigt, sondern sie ist die *einzige* plausible *natürliche* Erklärung für die Existenz der Lebewesen und ihre Eigenschaften.

Manchmal wird Evolutionsbiologen der Vorwurf gemacht, sie seien dogmatisch, weil sie keine alternativen Modelle akzeptieren und diskutieren würden. Berechtigt wäre dieser Einwand aber nur, wenn es andere wissenschaftliche Erklärungen gäbe, was nicht der Fall ist. So bleiben als einzige Alternative religiöse Erklärungen, bei denen eine außerweltliche Macht in den Lauf der Welt eingreift. Dies ist aber nichts, was die Evolutionsbiologie speziell angeht, sondern Wunder werden von den Naturwissenschaften generell aus guten Gründen nicht akzeptiert.

Evolutionäre Utopien

94. Kann man Menschen züchten? Evolutionäre Utopien wurden nach der Veröffentlichung von Darwins *Entstehung der Arten* (1859) fast ein Jahrhundert lang aus den unterschiedlichsten Perspektiven propagiert und kritisiert. Die von der Evolutionstheorie eröffneten neuen Möglichkeiten waren verführerisch und bedrohlich zugleich. Wenn die Natur des Menschen nicht unveränderlich festgeschrieben, sondern in ständigem Wandel befindlich ist, dann könnte man versuchen, sie zu verbessern. Die technischen Mittel dazu hatte man: Es waren die in der Tier- und Pflanzenzucht bewährten Methoden. Wenn die Individuen mit den besten Eigenschaften auch die meisten Nachkommen haben, dann gäbe es keine grundlegenden Hindernisse auf dem Weg zu einem neuen, besseren Menschen. Die zukünftigen Generationen hätten, so sagte man, ein Recht darauf, als Genie geboren zu werden. Was aber, wenn ungewollt genau das Gegenteil einträte?

Die modernen Lebensbedingungen der Zivilisation schienen die Evolution der Menschen tatsächlich in eine unerwünschte Richtung zu drängen: Durch die Fortschritte der Medizin überlebten auch gesundheitlich schwächere Individuen, die soziale Absicherung entkoppelte die Kinderzahl von den Fähigkeiten der Eltern, und die in den Schützengräben des Ersten Weltkriegs zu Millionen geopferten jungen Männer waren oft die Mutigsten und Engagiertesten, während die Drückeberger und Hasenfüße überlebten und der nächsten Generation ihre schlechten Eigenschaften vererbten.

Der drohenden Degeneration wollte man mit der neuen Wissenschaft der «Eugenik» (gute Abstammung) entgegenwirken (Galton 1904). Die konkreten Ziele waren je nach politischem Standpunkt und historischer Situation starken Schwankungen unterworfen. Es lassen sich aber einige Gemeinsamkeiten feststellen; meist ging es um Gesundheit, Intelligenz, positives Sozialverhalten und manchmal auch um Schönheit. Eugenische Vorstellungen waren international verbreitet. Die Verbindung von Eugenik und Rassismus – speziell in seiner antisemitischen Variante – war ein historischer Sonderfall, der das Bild der Eugenik nach 1945 gleichwohl beherrschte und überschattete (Junker & Paul 1999).

Die Eugenik, so hieß es nun, sei nicht nur wegen der notwendigen Zwangsmaßnahmen moralisch abzulehnen, sondern auch undurchführbar. Ist das richtig? Menschen haben innerhalb weniger zehntausend Jahre aus Wölfen die unterschiedlichsten Hunderassen gezüchtet. Es gibt nicht nur riesige und gutmütige Bernhardiner, sondern auch winzige Schoßhündchen und aggressive Kampfhunde. Warum sollte Menschen in dieser Hinsicht eine Sonderstellung zukommen? Aus Sicht der Evolutionsbiologie jedenfalls gibt es keinen Grund anzunehmen, dass die Menschheit sich nicht im positiven wie im negativen Sinn drastisch verändern ließe. Die Frage ist vielmehr, ob man Menschen züchten *sollte*, wer die Ziele festlegt und ob die erforderlichen Methoden akzeptabel sind.

95. Warum wird der Sozialdarwinismus kritisiert?

Die natürliche Auslese beruht auf dem wegen der Überfruchtbarkeit der Organismen unabwendbaren Kampf ums Dasein. So hatte Darwin den kausalen Mechanismus der Evolution beschrieben, und dies gilt bis heute. Da der Fortschritt in der Evolution der Menschheit also dem Kampf ums Dasein zu verdanken sei, müsse er unvermindert aufrechterhalten werden. Dies war die zentrale Aussage des sogenannten Sozialdarwinismus. Wie die Eugenik galten diese Ideen nach dem Zweiten Weltkrieg wegen ihrer Verbindung zu den Verbrechen des NS-Regimes als diskreditiert. Dabei wurde übersehen, dass es sich um eine extreme Variante sozialdarwinistischer Ideen gehandelt hatte und dass entsprechende Programme weitgehend unabhängig von der politischen Ausrichtung in allen Industriestaaten einflussreiche Vertreter hatten. Die gravierendsten Unterschiede zwischen den verschiedenen Varianten des Sozialdarwinismus beruhen auf abweichenden Interpretationen des Ausdrucks «Kampf ums Dasein».

Von «Sozialdarwinismus» im engeren Sinn spricht man, wenn der kriegerische (Vernichtungs-)Kampf zwischen Menschengruppen, zwischen Völkern, Rassen oder sozialen Klassen, als Mittel zur Verbesserung der Menschheit propagiert wird. Diese Programme werden nicht nur aus moralischen Gründen zu Recht kritisiert, sondern sie sind auch aus evolutionsbiologischer Sicht höchst problematisch. Die Evolution der Menschen wurde *auch* von mörderischen Auseinandersetzungen zwischen Gruppen vorangetrieben, aber eben nicht nur (Bowles 2009). So ging schon Darwin davon aus, dass viele der Eigenschaften, die wir an Menschen besonders schätzen, durch die Partnerwahl entstanden sind. Denn dies ist ihr eigentlicher Zweck:

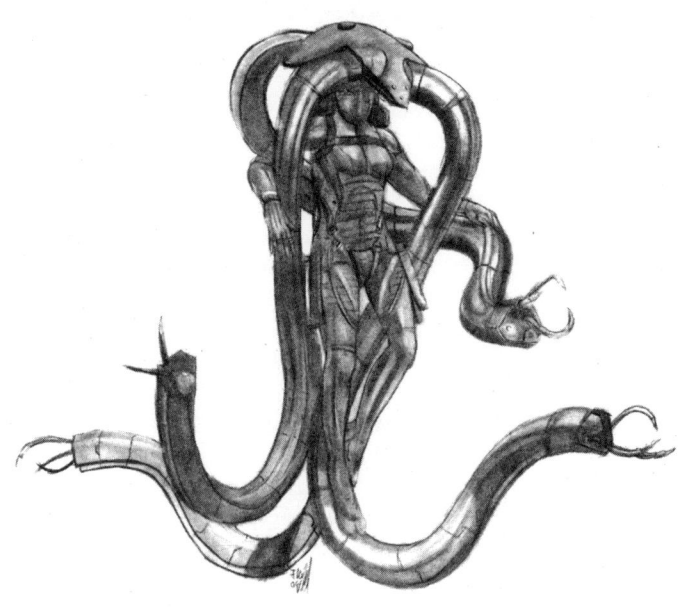

Die evolutionäre Zukunft der Menschheit ist ungewiss, was sie für
Sciencefiction- und Fantasy-Autoren zu einem willkommenen Thema macht.
«Laughing Octopus» aus dem Computerspiel «Metal Gear Solid 4».

Wenn Männer fürsorglich und sinnlich oder Frauen schön und an-
mutig sind, dann wollen sie ja gerade gefallen.

Vielleicht bringt «ein Übermaß an Solidarität» tatsächlich «die
Gefahr einer Entartung des Menschen zu einem sentimental passiven
Herdenwesen» mit sich, wie der russische Revolutionär Leo Trotzki
(1879–1940) mutmaßte. Dies vorausgesetzt, könne man auf die
«mächtige Kraft des Wettstreites» nicht verzichten, aber gleichwohl
versuchen, ihr eine humane Form zu geben. Und so hoffte er, dass der
Kampf der Zukunft ein «Kampf um die eigene Meinung, den eigenen
Entwurf und um den eigenen Geschmack» sein und zu Fortschritten
der Technik, der Lebensbedingungen und der Kunst führen werde
(1924: 228–29).

Falsch am Sozialdarwinismus im engeren Sinn sind also die
Fokussierung auf Gruppen statt auf Individuen, die Glorifizierung

der kriegerischen Aspekte, die Unterschätzung der Partnerwahl und die Behauptung, dass die so geförderten Eigenschaften wie Aggressivität und Gruppenegoismus erstrebenswerte Ziele darstellen müssen.

96. Gibt es bei Menschen heute noch Evolution? Durch die Zivilisation sei die Evolution zum Stillstand gekommen und von kulturellem Wandel und technologischen Neuerungen abgelöst worden. Diese These hat in letzter Zeit einige Aufmerksamkeit, aber auch Kritik erfahren. Richtig ist, dass die technische Entwicklung und die dadurch bedingten Veränderungen in unseren Lebensbedingungen um Größenordnungen schneller verlaufen als der evolutionäre Wandel. Ist die Evolution der Menschen deshalb an ihrem Endpunkt angekommen, oder übersieht man sie nur leicht, weil ihre Mühlen so langsam mahlen?

Der genetische Wandel der Menschheit lässt sich nur schwer direkt messen. Wenn es aber weiterhin neue erbliche Variationen gibt und wenn der Reproduktionserfolg (die genetische Fitness) der Individuen nicht rein zufällig ist, dann wird es zu Verschiebungen in der Zusammensetzung des menschlichen Genpools, d. h. zur Evolution, kommen. Ist dies der Fall?

Neue genetische Varianten entstehen durch Mutationen, die wiederum durch physikalische und chemische Ursachen sowie durch Kopierfehler der DNA verursacht werden. Daran hat sich nichts geändert, durch neue Umweltgifte sind Mutationen eher häufiger geworden. Zur Verbesserung von Funktionen kommt es zwar nur, wenn die wenigen vorteilhaften Mutationen durch die Selektion angehäuft werden. Eine Evolution der Menschheit gäbe es aber auch ohne natürliche und sexuelle Auslese. Sie hätte nur eine andere Richtung: Durch Ansammlung schädlicher Mutationen käme es zu einem allmählichen Verlust der Funktionsfähigkeit (Degeneration).

Insofern ist es nicht unwichtig, ob es noch Selektion bei Menschen gibt. Neuere Untersuchungen zeigen, dass sie abgeschwächt wurde und ihre Richtung geändert hat, dass sie aber durchaus weiter existiert (Byars et al. 2010). So führen beispielsweise viele Mutationen dazu, dass der Embryo nicht lebensfähig ist. Man schätzt, dass mehr als die Hälfte der befruchteten Eizellen spontan absterben (Wang et al. 2003). Es spricht auch wenig dafür, dass die sexuelle Auslese keine Rolle mehr spielt. Im Gegenteil: Die Möglichkeit, die Partnersuche auf einen sehr viel größeren Bereich auszudehnen und die Kandidaten und Kandidatinnen dank Verhütungsmitteln über einen längeren Zeitraum zu testen, hat eher zu ihrer Intensivierung geführt.

Und schließlich sollte man bedenken, dass (bevölkerungs-)politische Maßnahmen – Kindergeld, Eigenheimförderung, Krippenplätze, Arbeitsschutzverordnungen, Steuergesetze und vieles mehr – sowie die ökonomischen Bedingungen evolutionär gesehen nicht neutral sind, sondern den einzelnen Genotypen mehr oder weniger deutliche Vor- oder Nachteile bringen. Dass die Ergebnisse oft nicht erwünscht sind, dass beispielsweise beruflich erfolgreiche Frauen durchschnittlich weniger Kinder bekommen, was, wenn der Erfolg auch eine genetische Basis hat, zur Selektion gegen Eigenschaften wie Intelligenz führt, mag richtig sein. Aber der evolutionäre Wandel ist eine Sache, unsere Bewertung seiner Richtung eine andere.

97. Wie wird die Gentechnik die Evolution verändern? Genetische Varianten, die nicht existieren, können nicht als Auslesematerial dienen. Insofern lag es nahe, die Evolution von Tier- oder Pflanzenarten nicht nur dadurch zu beeinflussen, dass man wie bei der klassischen Züchtung unter den natürlich vorkommenden Unterschieden auswählt, sondern indem man gezielt neue Varianten erzeugt.

In den 1920er Jahren hatte man entdeckt, dass es zu einer starken Erhöhung der Mutationsrate kommt, wenn man Organismen Röntgenstrahlen oder bestimmten Chemikalien aussetzt. Da die so erzeugten Mutationen aber ungerichtet erfolgen und die Lebensfähigkeit meist stark herabsetzen, war diese Methode nur in Einzelfällen brauchbar. Im Jahr 1973 gelang es dann, die DNA eines Frosches in ein Bakterium einzuschleusen. Diese erste «rekombinante» DNA gilt als Beginn der Gentechnik. Seither haben sich die Möglichkeiten, einzelne Gene als funktionsfähige Einheiten zu isolieren und in pflanzliche, tierische oder menschliche Wirtszellen einzubringen, vervielfältigt. Darüber hinaus lassen sich die Gene gezielt verändern. Aus den modifizierten Zellen wiederum können ganze Pflanzen oder Tiere entstehen, welche dann die Genveränderungen in allen Zellen tragen. Damit lässt sich der oft langwierige und nicht immer zum Erfolg führende Weg herkömmlicher Züchtungsverfahren beschleunigen und ausweiten. In der Medizin hofft man, auf diese Weise Erbkrankheiten schon im Vorfeld verhindern zu können.

Was hat all dies mit Evolution zu tun? Zum einen kann man mit gentechnischen Methoden gezielt einzelne DNA-Bausteine verändern, was den natürlich vorkommenden (Punkt-)Mutationen entspricht. Zum anderen ist es möglich, ganze Gene auszuschneiden, zu manipulieren und dann in andere Lebewesen einzuschleusen. Auch hierfür gibt es ein Vorbild in der Natur: den horizontalen Gentransfer zwischen unterschiedlichen Organismen (im Gegensatz zum vertikalen Gentransfer von einer Generation zur nächsten). Bei Bakterien kommt dieses Phänomen relativ häufig vor. Auch im Erbgut der höheren Tiere und Pflanzen konnte man DNA-Abschnitte nachweisen, die von Viren in das Genom eingebaut wurden. Letzteres ist aber eher selten, da eukaryotische Zellen vielfältige Schutzmechanismen gegen das Eindringen fremder DNA ausgebildet haben (Dunning Hotopp et al. 2007). Der Genpool biologischer Arten ist also normalerweise weitgehend abgeschottet. Durch die Gentechnik werden diese Artgrenzen nun teilweise durchlässig. Es ist auch nicht auszuschließen, dass die veränderten Gene an andere Organismen (z. B. Krankheitserreger) weitergegeben werden oder dass die gentechnisch veränderten Pflanzen und Tiere in die Natur entweichen und dort ökologische Schäden anrichten. Allerdings sind die meisten der durch Züchtung oder Gentechnik erzeugten Organismen unter natürlichen Bedingungen nicht lebensfähig.

Aus evolutionärer Sicht lässt sich die Gentechnik als eine Methode verstehen, mit der genetische Varianten erzeugt werden, die natürlicherweise nicht oder nur selten vorkommen. Wenn sich diese in der natürlichen Auslese bewähren, können sie der Evolution einzelner Arten oder ganzer Ökosysteme eine neue Richtung geben. Man könnte also pointiert sagen, dass die Natur mit der Gentechnik eine neue Methode erfunden hat, die Evolution zu beschleunigen und bislang unerreichbare evolutionäre Möglichkeiten auszutesten.

98. Wird sich die Menschheit in verschiedene Arten aufspalten?
Die Aufspaltung einer Art ist eine Frage der Zeit. Sind zwei ihrer Populationen über genügend lange Zeiträume voneinander getrennt, dann sammeln sich genetische Unterschiede an und werden schließlich so groß, dass es nicht mehr zu erfolgreicher Fortpflanzung kommt (vgl. Frage 45). In der Evolution der Menschen ist dies wahrscheinlich mehrfach geschehen; ein Beispiel könnten die Neandertaler gewesen sein. Auch die heute lebenden Populationen unserer eigenen Art *Homo sapiens* waren auf dem Weg zu getrennten Arten. Spätestens nach der Auswanderung aus Afrika vor rund 65 000 Jahren gab es lange Zeiten

der Isolation, die zu den heute noch deutlichen Unterschieden zwischen den Völkern führten. Zu verschiedenen Arten wären sie aber nur geworden, wenn die Trennung sehr viel länger, mindestens eine halbe Million Jahre, angedauert hätte.

Die geographischen Barrieren zwischen den Populationen von *Homo sapiens* sind in den letzten Jahrhunderten durchlässig geworden; es kam zu einer erneuten Vermischung. Dieser Prozess ist erst in den Anfängen begriffen, aber in einigen Generationen werden die heute zu beobachtenden Unterschiede zwischen den Menschen der verschiedenen Kontinente weitgehend verschwunden sein. Wir beobachten also gerade die sekundäre Wiederherstellung eines einheitlichen Genpools, d. h. das Gegenteil der Artbildung.

Ist es damit völlig unmöglich geworden, dass die Menschheit sich wieder in getrennte Arten aufspaltet? Dies ist in der Tat höchst unwahrscheinlich, theoretisch aber nicht auszuschließen. Hier sind zwei Szenarien vorstellbar. Zum einen könnten an die Stelle der geographischen Isolation künstliche Barrieren treten. Würde sich beispielsweise eine religiöse oder ethnische Gruppe entschließen, ihren Mitgliedern strikte Heiratsvorschriften aufzuerlegen, und könnte dies durch lückenlose Kontrolle auch durchsetzen, so ließe sich ein getrennter Genpool herstellen. Dass dies nicht unmöglich ist, sieht man bei einigen Haustierrassen, bei denen die Züchter jegliche Vermischung unterbinden und auf diese Weise deutliche Unterschiede erzeugen. Ob sich ein solches Programm über die erforderlichen Zeiträume von Hunderttausenden von Jahren bei Menschen durchhalten lässt, ist aber mehr als zweifelhaft.

So bleibt als zweite Möglichkeit die gentechnische Veränderung einer Population. Durch künstliche Mutationen lassen sich größere genetische Unterschiede sehr viel schneller erzeugen, als dies auf natürliche Weise geschehen würde, mit der Konsequenz, dass die Isolation nur vergleichsweise kurz aufrechterhalten werden müsste. In diesem Fall müsste eine Gruppe von Menschen, die über die technischen Mittel verfügt, beschließen, alle ihre Mitglieder gentechnisch in einer Weise zu manipulieren, die eine Rückkreuzung mit dem Rest der Menschheit unmöglich macht. Man mag dies für pervers oder unsinnig halten, unmöglich ist es nicht. Wenn man sich die in der Geschichte der Menschheit nicht so seltenen Versuche vergegenwärtigt, bei denen charismatische Führer ihre Anhänger auf einen exklusiven Weg zum Heil verpflichteten, wird man sogar eher vermuten, dass dieser Versuch früher oder später in die Tat umgesetzt werden wird. Es bleibt dahingestellt, wie erfolgreich dies letztlich sein wird.

99. Sollte sich die Moral an der Biologie orientieren? Seit vier Milliarden Jahren hat die natürliche Auslese unaufhörlich an der Optimierung der genetischen Ausstattung der Organismen und an der Perfektionierung ihrer Eigenschaften gearbeitet. Und doch sind wir in vielerlei Hinsicht oft höchst unzufrieden mit ihren Ergebnissen. An erster Stelle stehen hier die Mängel unserer Körper, die Anfälligkeit für alle Arten von Krankheiten, die körperlichen und geistigen Alterserscheinungen und schließlich das unabwendbare Ende, der Tod. Im Menschen hat die Evolution offensichtlich ihren schärfsten Kritiker produziert.

Aus der Unzufriedenheit mit der menschlichen Natur entstanden die Utopien der Genetik und der Evolutionstheorie (Weß 1989) und schon lange zuvor die moralischen Utopien der Religionen und politischen Systeme. Denn gerade in Bezug auf ihr Sozialverhalten gelten Menschen als alles andere als perfekt. Moralische Regeln müssen oft mit großem Nachdruck und unter Androhung massiver Sanktionen durchgesetzt werden. Woher kommt der Konflikt zwischen der menschlichen Natur und moralischen Vorschriften?

Soziale Regeln sollen Konflikte beheben, die durch unterschiedliche Interessen entstehen. Die notwendigen Kompromisse bringen zwangsläufig ein gewisses Maß an Unzufriedenheit mit sich. Zudem wurden durch die Zivilisation neue Regeln des Zusammenlebens erforderlich. Einige der früher vorteilhaften Verhaltensanpassungen wie die strikte Bevorzugung der eigenen Gruppe sind nun oft schädlich. Die moralischen Regeln dienen in diesem Fall dazu, evolutionär entstandene Wünsche auf die veränderte Lebensweise abzustimmen. Die moralischen Regeln können aber auch Ausdruck asymmetrischer Herrschaftsverhältnisse sein und den Zweck haben, Privilegien und Ungerechtigkeiten abzusichern (Schmidt-Salomon 2009; Wuketits 2010).

Wenn es zu Widersprüchen zwischen der Moral und biologisch angelegten Verhaltensweisen der Menschen kommt, dann kann dies also daran liegen, dass Letztere nicht zum Leben in der Zivilisation passen. Es kann aber ebenso sein, dass die moralischen Regeln nicht das leisten, was sie versprechen: einen fairen Interessenausgleich. In jedem Fall ist die Unterdrückung der biologisch vorgegebenen Gefühle und

Wünsche nicht nur schwierig, sondern auch eine Quelle des Leidens. Wenn das Ziel im größten Glück möglichst vieler Menschen besteht, dann müssen die sozialen Regeln von der menschlichen Natur ausgehen, anstatt sich an abstrakten Idealen zu orientieren.

100. Gibt es intelligentes Leben auf anderen Planeten? Bis heute gibt es keinen Beweis, dass dies der Fall ist. Es gab weder Kontakte zu Außerirdischen, noch konnte man Nachrichten von anderen Planeten empfangen. Es gibt auch keine glaubhaften Hinweise darauf, dass die Erde von fremden Raumfahrern besucht worden wäre. Man ist also auf indirekte Indizien und auf eine Abschätzung der Wahrscheinlichkeiten angewiesen (Dick 1998). Die notwendigen Voraussetzungen lassen sich grob in vier Stufen unterteilen: Wie wahrscheinlich ist es, 1. dass es für Lebewesen geeignete Planeten gibt, 2. dass auf diesen auch tatsächlich Leben entsteht, 3. dass sich komplexere Organismen entwickeln und 4. dass diese der menschlichen Intelligenz vergleichbare geistige Fähigkeiten ausbilden?

Die erste Frage ist mittlerweile geklärt. In den letzten Jahren konnten Astromomen zeigen, dass auch andere Sonnen in unserer Milchstraße erdähnliche Planeten haben (Howard et al. 2010). Diese müssen aber noch weitere Voraussetzungen aufweisen, bevor es zur Entstehung von Leben kommen kann. Hier sei nur die geeignete chemische Zusammensetzung mit ausreichend Wasser genannt. Sind diese Bedingungen erfüllt, ist die Entstehung einfacher Lebewesen nicht unwahrscheinlich. Schwieriger scheint der nächste Schritt, die Entstehung vielzelliger Organismen, zu sein. Während die ersten einfachen Lebewesen schon wenige hundert Millionen Jahre nach der Entstehung der Erde existierten, dauerte es noch weitere zwei bis drei Milliarden Jahre, bis vielzellige Tiere und Pflanzen auftraten. Am schwersten abzuschätzen ist, wie groß die Wahrscheinlichkeit ist, dass sich höhere Intelligenz entwickelt. Bisher ist dies auf der Erde nur ein einziges Mal passiert, was dafür spricht, dass mehrere spezielle Voraussetzungen zusammenkommen müssen.

Alles in allem ist es also eher unwahrscheinlich, dass die genannten Schritte auch wirklich erfolgen. Aber auch ein Lottogewinn mit sechs Richtigen und Superzahl wird irgendwann einmal eintreffen, wenn man nur häufig genug spielt (im Durchschnitt rund 140 Millionen Mal). Wie viele Chancen stellt das (bekannte) Universum bereit? Da es näherungsweise 100 Milliarden Galaxien mit jeweils etwa ebenso vielen Sonnen gibt, ist die Wahrscheinlichkeit auf den Hauptgewinn, die Entstehung intelligenten Lebens, wohl doch nicht so schlecht. So, wie es aussieht, sind wir also nicht alleine im Universum. Das Problem besteht eher darin, die gigantischen Entfernungen zu überwinden. Bis heute gibt es keine realistische Möglichkeit, zu entfernten Sternen unserer Milchstraße zu reisen, von anderen Galaxien völlig abgesehen. Und auch für die Kommunikation mit Planeten, die im günstigen Fall nur wenige hundert Lichtjahre entfernt sind, benötigt man einen langen Atem. Es wäre schon sehr interessant zu erfahren, wie die Außerirdischen aussehen, denken und leben. Auf der anderen Seite weiß niemand, wie wohlgesinnt sie uns wären, und so haben die Schwierigkeiten der Kontaktaufnahme vielleicht auch ihr Gutes.

101. Wie werden die Menschen in zwei Millionen Jahren aussehen?

Das weiß niemand. Zwei Millionen Jahre sind zwar erdgeschichtlich gesehen kein sehr langer Zeitraum, und evolutionäre Veränderungen vollziehen sich meistens so langsam, dass man von früheren Formen auf die Eigenschaften der Nachkommen schließen kann, und umgekehrt. Die Vorfahren der Pferde und Elefanten vor zwei Millionen Jahren sahen anders, aber nicht völlig anders aus, sondern waren eindeutig als Pferde und Elefanten erkennbar. Dies gilt auch für die Menschen. Unsere vor rund zwei Millionen Jahren lebenden Vorfahren, die ersten echten Menschen *(Homo erectus)*, sahen uns nicht nur ähnlich, sondern auch ihre Lebensweise war wohl nicht grundsätzlich verschieden von der unserer Jäger-und-Sammler-Vorfahren, die noch vor weniger als zehntausend Jahren lebten.

Warum also soll es so schwierig sein, verlässliche Aussagen über die Zukunft der Menschheit zu treffen? Die Schwierigkeit besteht darin abzuschätzen, wie die Menschen ihre eigenen Selektionsbedingungen und ihre genetische Ausstattung durch die technische Entwicklung verändern werden. Was könnte eintreten, wenn man die bisherige Entwicklung betrachtet?

Der technische Fortschritt wird zum einen zu neuen Hilfsmitteln führen. Es ist wohl nur eine Frage der Zeit, bis die Interaktion von Mensch und Maschine so ausgereift ist, dass man über implantierte «Handys» direkt kommunizieren kann, eine Schnittstelle zwischen Großhirnrinde und Internet den unmittelbaren Zugriff auf unbegrenzte Informationen erlaubt und das Sprachzentrum von einer automatischen Übersetzungsfunktion unterstützt wird. Parallel dazu wird die genetische Ausstattung der Menschen perfektioniert werden, so dass nicht nur die Erbkrankheiten, sondern auch viele andere Krankheiten und Alterserscheinungen der Vergangenheit angehören werden. Die gesunde und vitale Lebensspanne wird sich so vielleicht auf Jahrhunderte ausdehnen lassen.

Gleichzeitig werden die Möglichkeiten, sich in virtuellen Realitäten zu bewegen, eine neue Qualität erreichen. 3-D-Kino und Computerspiele sind erst der Anfang. Durch direkten Zugriff auf das Gehirn werden diese Simulationen immer realistischer, bis sie die realen Erfahrungen an Vielfalt und Intensität übertreffen. Was wird gesehen, wenn sich ein virtueller Kuss intensiver und realistischer anfühlt als ein echter? Werden die Menschen sich aus der realen Welt in computergenerierte Phantasiewelten zurückziehen und in letzter Konsequenz auch ihren biologischen Körper und sein Gehirn verlassen, um in der Welt der Maschinen weiterzuexistieren? Dann, aber erst dann hätten sie sich aus der biologischen Evolution verabschiedet. Und die Erde? Sie wäre wieder den anderen Tieren, den Pflanzen und Bakterien überlassen. Die Evolution aber wird weitergehen, solange es Lebewesen gibt.

Literatur

Das folgende Verzeichnis enthält wichtige Lehrbücher, allgemein verständliche Einführungen und die im Text zitierten Publikationen. Ergänzende Literaturhinweise zu den einzelnen Fragen sind online unter www.thomas-junker-evolution.de verfügbar.

Alexander, R. D., et al. «Sexual dimorphisms and breeding systems in pinnipeds, ungulates, primates, and humans». In Chagnon & Irons (1979): 402–35.

Alexander, R. D., & K. M. Noonan. «Concealment of ovulation, parental care, and human social evolution». In Chagnon & Irons (1979): 436–53.

Antweiler, C. *Was ist den Menschen gemeinsam? Über Kultur und Kulturen.* Darmstadt: WBG, 2007.

Aristoteles. *De partibus animalium (Über die Glieder der Geschöpfe).* Paderborn: Schöningh, 1959.

Ayala, F. J. «Darwin's greatest discovery: design without designer», *PNAS* 104, Suppl. 1 (2007): 8567–73.

Babbitt, C. C., et al. «Genomic signatures of diet-related shifts during human origins», *Proc. R. Soc. B* 278 (2011): 961–69.

Bada, J. L., et al. «Debating evidence for the origin of life on earth», *Science* 315 (2007): 937–39.

Baquero, F., et al. «Ecology and evolution of antibiotic resistance», *Environmental Microbiology Reports* 1 (2009): 469–76.

Barbujani, G., & V. Colonna. «Human genome diversity: frequently asked questions», *Trends in Genetics* 26 (2010): 285–95.

Barkow, J. H., et al., eds. *The adapted mind: evolutionary psychology and the generation of culture.* New York: Oxford UP, 1992.

Barlow, C., ed. *Evolution extended: biological debates on the meaning of life.* Cambridge, MA: The MIT Press, 1994.

Baron-Cohen, S. «The evolution of a theory of mind». In M. C. Corballis & S. E. G. Lea, eds. *The descent of mind: psychological perspectives on hominid evolution.* Oxford: Oxford UP, 1999, pp. 261–77.

Barrick, J. E., et al. «Genome evolution and adaptation in a long-term experiment with *Escherichia coli*», *Nature* 461 (2009): 1243–47.

Behe, M. J. *Darwin's Black Box. The biochemical challenge to evolution.* New York: The Free Press, 1996.

Bergman, A., & M. L. Siegal. «Evolutionary capacitance as a general feature of complex gene networks», *Nature* 424 (2003): 549–52.

Bergson, H. *L'évolution créatrice.* Paris: Alcan, 1907 (deutsche Ausg.: *Schöpferische Entwicklung*, 1921).

Bernstein, M. J., et al. «The cross-category effect: mere social categorization is sufficient to elicit an own-group bias in face recognition», *Psychological Science* 18 (2007): 706–12.

Bowler, P. J. «The changing meaning of ‹evolution›», *Journal of the History of Ideas* 36 (1975): 95–114.

Bowles, S. «Did warfare among ancestral hunter-gatherers affect the evolution of human social behaviors?» *Science* 324 (2009): 1293–98.

Boyd, B. «Evolutionary theories of art». In J. Gottschall & D. S. Wilson, eds. *The literary animal: evolution and the nature of narrative*. Evanston: Northwestern UP, 2005, pp. 147–76.

Breslin, P. A. S., & A. C. Spector. «Mammalian taste perception», *Current Biology* 18 (2008): R148–R155.

Brosnan, S. F., & F. B. M. de Waal. «Monkeys reject unequal pay», *Nature* 425 (2003): 297–99.

Buffon, G. *Histoire naturelle, générale et particulière*. 15 Bde. Paris: Imprimerie royale, 1749–67. Bd. 4, 1753.

Buss, D. M. *Evolutionary psychology: The new science of the mind*. Boston: Allyn & Bacon, 1999 (deutsche Ausg.: *Evolutionäre Psychologie*, 2004).

Buss, D. M. «The evolution of happiness», *American Psychologist* 55 (2000): 15–23.

Byars, S., et al. «Natural selection in a contemporary human population», *PNAS* 107 (2010): 1787–92.

Byrne, R. W., & A. Whiten, eds. *Machiavellian intelligence: social expertise and the evolution of intellect in monkeys, apes, and humans*. Oxford: Clarendon Press, 1988.

Carroll, S. B. *The making of the fittest: DNA and the ultimate forensic record of evolution*. New York: Norton, 2006 (deutsche Ausg.: *Die Darwin-DNA: wie die neueste Forschung die Evolutionstheorie bestätigt*, 2008).

Cavalli-Sforza, L., & F. Cavalli-Sforza. *Chi siamo. La storia della diversità umana*. Milano: Mondadori, 1993 (deutsche Ausg.: *Verschieden und doch gleich*, 1994).

Chagnon, N. A., & W. Irons, eds. *Evolutionary biology and human social behavior*. North Scituate, MA: Duxbury Press, 1979.

Clutton-Brock, T. H., & K. Isvaran. «Sex differences in ageing in natural populations of vertebrates», *Proc. R. Soc. B* 274 (2007): 3097–3104.

Cousens, R., et al. *Dispersal in plants: a population perspective*. Oxford: Oxford UP, 2008.

Cox, J. J., et al. «An SCN9A channelopathy causes congenital inability to experience pain», *Nature* 444 (2006): 894–98

Coyne, J. A., & H. A. Orr. *Speciation*. Sunderland, MA: Sinauer Associates, 2004.

Darwin, C. *On the origin of species by means of natural selection, or the preservation of favoured races in the struggle for life*. London: Murray, 1859 (deutsche Ausg.: *Über die Entstehung der Arten im Thier- und Pflanzen-Reich durch natürliche Züchtung*, 1860).

Darwin, C. *The variation of animals and plants under domestication*. 2 vols. London: John Murray, 1868 (deutsche Ausg.: *Das Variieren der Thiere und Pflanzen im Zustande der Domestication*, 1868).

Darwin, C. *The descent of man, and selection in relation to sex*. 2 vols. London: Murray, 1871; 2d ed. 1874 (deutsche Ausg.: *Die Abstammung des Menschen und die geschlechtliche Zuchtwahl*, 1871).

Darwin, C. *The correspondence of Charles Darwin*. Eds. F. Burkhardt et al. Bisher 18 Bde. Cambridge: Cambridge UP, 1985 ff.

Dawkins, R. *The selfish gene [1976].* New ed. Oxford: Oxford UP, 1989 (deutsche Ausg.: *Das egoistische Gen,* 1994).

Dawkins, R. *The extended phenotype: the long reach of the gene.* Oxford: Oxford UP, 1982 (deutsche Ausg.: *Der erweiterte Phänotyp: der lange Arm der Gene,* 2010).

Dawkins, R. *River out of Eden: a Darwinian view of life.* New York: Basic Books, 1995 (deutsche Ausg.: *Und es entsprang ein Fluß in Eden,* 1996).

Dawkins, R. *The ancestor's tale: A pilgrimage to the dawn of life.* London: Phoenix, 2005 (deutsche Ausg.: *Geschichten vom Ursprung des Lebens,* 2008).

Dawkins, R. *The greatest show on earth: the evidence for evolution.* New York: Free Press, 2009 (deutsche Ausg.: *Die Schöpfungslüge: warum Darwin Recht hat,* 2010).

de Waal, F. B. M., ed. *Tree of origin: what primate behavior can tell us about human social evolution.* Cambridge, MA: Harvard UP, 2001.

Decaestecker, E., et al. «Host-parasite ‹Red Queen› dynamics archived in pond sediment», *Nature* 450 (2007): 870–73.

Delcuve, G. P., et al. «Epigenetic control», *Journal of Cellular Physiology* 219 (2009): 243–250.

Dennett, D. C. *Darwin's dangerous idea: evolution and the meanings of life.* London: Allen Lane The Penguin Press, 1995 (deutsche Ausg.: *Darwins gefährliches Erbe: Die Evolution und der Sinn des Lebens,* 1997).

Diamond, J. *The third chimpanzee.* New York: HarperCollins, 1992 (deutsche Ausg.: *Der dritte Schimpanse,* 1998).

Diamond, J. M. *Why is sex fun?: the evolution of human sexuality.* New York: HarperCollins, 1997 (deutsche Ausg.: *Warum macht Sex Spaß? Die Evolution der menschlichen Sexualität,* 2000).

Dick, S. J. *Life on other worlds: the 20th-century extraterrestrial life debate.* Cambridge: Cambridge UP, 1998.

Dingler, H. «Ist die Entwicklung der Lebewesen eine Idee oder eine Tatsache?» *Der Biologe* 9 (1940): 222–32.

Dohrn, A. *Der Ursprung der Wirbelthiere und das Princip des Functionswechsels.* Leipzig: Engelmann, 1875.

Douzery, E. J. P., et al. «The timing of eukaryotic evolution: Does a relaxed molecular clock reconcile proteins and fossils?» *PNAS* 101 (2004): 15386–91.

Dunning Hotopp, J. C., et al. «Widespread lateral gene transfer from intracellular bacteria to multicellular eukaryotes», *Science* 317 (2007): 1753–56.

Eaton, S. B., & M. Konner. «Paleolithic nutrition: a consideration of its nature and current implications», *New England Journal of Medicine* 312 (1985): 283–89.

Eibl-Eibesfeldt, I., & C. Sütterlin. *Weltsprache Kunst: zur Natur- und Kunstgeschichte bildlicher Kommunikation.* Wien: Brandstätter, 2007.

EKD [Evangelische Kirche in Deutschland]. *Weltentstehung, Evolutionstheorie und Schöpfungsglaube in der Schule. Eine Orientierungshilfe.* EKD-Texte 94 (2008).

Endler, J. A. *Natural selection in the wild.* Princeton: Princeton UP, 1986.

Engels, E.-M. *Erkenntnis als Anpassung? Eine Studie zur Evolutionären Erkenntnistheorie.* Frankfurt a. M.: Suhrkamp, 1989.

Epping, B. «Das grosse Springen», *Bild der Wissenschaft* (September 2009): 38–47.

Erwin, D., et al. «The origin of animal body plans», *American Scientist* 85 (1997): 126–37.

Evolution. «Special issue: the evolution of eyes», *Evolution: Education and Outreach* 1, Nr. 4 (October 2008).

Farley, J. *The spontaneous generation controversy from Descartes to Oparin*. Baltimore: The Johns Hopkins UP, 1977.

Foley, R. *Humans before humanity*. Oxford: Blackwell, 1995 (deutsche Ausg.: *Menschen vor Homo sapiens*, 2000).

Fowler, S. P., et al. «Fueling the obesity epidemic? Artificially sweetened beverage use and long-term weight gain», *Obesity 16* (2008): 1894–1900.

Freud, S. *Gesammelte Werke [GW]*. 18 Bde. London: Imago, 1940–52.

Futuyma, D. J. *Evolution*. 2d ed. Sunderland, MA: Sinauer, 2009.

Galton, F. «Eugenics: its definition, scope, and aims [1904]». In *Essays in Eugenics*. London: Eugenics Education Society, 1909, pp. 35–43.

Gause, G. F. [Gauze, Georgij F.]. *The struggle for existence*. Baltimore: Williams & Willkins, 1934.

Gee, H., et al. «15 evolutionary gems», *Nature* (2009). http://www.nature.com/evolutiongems.

Gilg, O., et al. «Cyclic dynamics in a simple vertebrate predator-prey community», *Science* 302 (2003): 866–68.

Glass, B., et al., eds. *Forerunners of Darwin: 1745–1859*. Baltimore: The Johns Hopkins Press, 1959.

Gluckman, P. D., et al. «Early life events and their consequences for later disease: a life history and evolutionary perspective», *American Journal of Human Biology* 19 (2007): 1–19.

Goldschmidt, R. «Some aspects of evolution», *Science* 78 (1933): 539–47.

Gould, J. L., & C. G. Gould. *Sexual selection*. New York: Scientific American Library, 1989 (deutsche Ausg.: *Partnerwahl im Tierreich*, 1990).

Gould, S. J. *The structure of evolutionary theory*. Cambridge, MA: The Belknap Press of Harvard UP, 2002.

Gould, S. J., & R. C. Lewontin. «The spandrels of San Marco and the Panglossian paradigm: a critique of the adaptationist programme», *Proc. R. Soc. B* 205 (1979): 581–98.

Graf, D., Hrsg. *Evolutionstheorie – Akzeptanz und Vermittlung im europäischen Vergleich*. Berlin: Springer, 2010.

Green, R., et al. «A draft sequence of the Neandertal genome», *Science* 328 (2010): 710–22.

Haldane, J. B. S. «Suggestions as to quantitative measurement of rates of evolution», *Evolution* 3 (1949): 51–56.

Hamilton, W. D. «The genetical evolution of social behavior», *Journal of Theoretical Biology* 7 (1964): 1–52.

Hamilton, W. D., et al. «Sexual reproduction as an adaptation to resist parasites», *PNAS* 87 (1990): 3566–73.

Hedges, S. B., & S. Kumar, eds. *The timetree of life*. Oxford: Oxford University Press, 2009 (http://www.timetree.org/).

Heinen, T. J. A. J., et al. «Emergence of a new gene from an intergenic region», *Current Biology* 19 (2009): 1527–31.

Hoffman, P. F., et al. «A Neoproterozoic snowball Earth», *Science* 281 (1998): 1342–46.

Horn, S. O., & S. Wiedenhofer, Hrsg. *Schöpfung und Evolution. Eine Tagung mit Papst Benedikt XVI. in Castel Gandolfo*. Augsburg: St. Ulrich, 2007.

Howard, A. W., et al. «The occurrence and mass distribution of close-in super-Earths, Neptunes, and Jupiters», *Science* 330 (2010): 653–55.

Hull, David L. «Are species really individuals?» *Systematic Zoology* 25 (1976): 174–91.

Huxley, T. H. «The origin of species», *Westminster Review* n. s. 17 (1860): 541–70.

Jablonka, E., & M. J. Lamb. *Epigenetic inheritance and evolution: the Lamarckian dimension*. Oxford: Oxford UP, 1995.

Johanson, D., & B. Edgar. *From Lucy to language*. London: Weidenfeld & Nicolson, 1996 (deutsche Ausg.: *Lucy und ihre Kinder*, 1998).

Jones, S., et al., eds. *The Cambridge encyclopedia of human evolution*. Cambridge: Cambridge UP, 1992.

Junker, T. *Die Evolution des Menschen*. 2. Aufl. München: C.H.Beck, 2008.

Junker, T., & U. Hoßfeld. *Die Entdeckung der Evolution: Eine revolutionäre Theorie und ihre Geschichte*. 2. Aufl. Darmstadt: WBG, 2009.

Junker, T., & S. Paul. «Das Eugenik-Argument in der Diskussion um die Humangenetik». In E.-M. Engels, Hrsg. *Biologie und Ethik*. Stuttgart: Reclam, 1999, S. 161–93.

Junker, T., & S. Paul. *Der Darwin-Code: Die Evolution erklärt unser Leben*. 2. Aufl. München: C.H.Beck, 2009.

Kaplan, H. S., & A. J. Robson. «The emergence of humans: The coevolution of intelligence and longevity with intergenerational transfers», *PNAS* 99 (2002): 10221–26.

Keller, E. F., & E. A. Lloyd, eds. *Keywords in evolutionary biology*. Cambridge, MA: Harvard UP, 1992.

Kimura, M. «Evolutionary rate at the molecular level», *Nature* 217 (1968): 624–26.

Kohn, D., ed. *The Darwinian Heritage*. Princeton: Princeton UP, 1985.

Krebs, H. A. «Excursion into the borderland of biochemistry and philosophy», *Bulletin of the Johns Hopkins Hospital* 95 (1954): 45–51.

Kumar, S., & S. Subramanian. «Mutation rates in mammalian genomes», *PNAS* 99 (2002): 803–08.

Kutschera, U. *Evolutionsbiologie*. 3. Aufl. Stuttgart: Ulmer, 2008.

Kutschera, U. *Tatsache Evolution: Was Darwin nicht wissen konnte*. München: dtv, 2009.

Kutschera, U., & K. J. Niklas. «Endosymbiosis, cell evolution, and speciation», *Theory in Biosciences* 124 (2005): 1–24.

La Vergata, A. «Images of Darwin: a historiographic overview». In Kohn (1985): 901–72.

Lamarck, J.-B. de. *Philosophie Zoologique*. 2 Bde. Paris: Dentu, 1809.

Larson, E. J., & L. Witham. «Leading scientists still reject God», *Nature* 394 (1998): 313.

Leakey, M. D., & R. L. Hay. «Pliocene footprints in the Laetoli beds at Laetoli, northern Tanzania», *Nature* 278 (1979): 317-23.

Lee, R. D. «Population dynamics of humans and other animals», *Demography* 24 (1987): 443-65.

Lubosch, W. «Geschichte der vergleichenden Anatomie». In L. Bolk et al., Hrsg. *Handbuch der vergleichenden Anatomie der Wirbeltiere.* Berlin/Wien: Urban & Schwarzenberg, 1931, S. 3-76.

Lukrez. *De rerum natura (Vom Wesen des Weltalls).* Leipzig: Reclam, 1989.

Margulis, L. *Origin of eukaryotic cells.* New Haven: Yale UP, 1970.

Mark Welch, D., & M. Meselson. «Evidence for the evolution of bdelloid rotifers without sexual reproduction or genetic exchange», *Science* 288 (2000): 1211-15.

Maschwitz, U., & E. Maschwitz. «Platzende Arbeiterinnen: Eine neue Art der Feindabwehr bei sozialen Hautflüglern», *Oecologia* 14 (1974): 289-94.

Maynard Smith, J. *The evolution of sex.* Cambridge: Cambridge UP, 1978.

Mayr, E. *Systematics and the origin of species from the viewpoint of a zoologist.* New York: Columbia UP, 1942.

Mayr, E. *The growth of biological thought.* Cambridge, MA: Belknap Press, 1982 (deutsche Ausg.: *Die Entwicklung der biologischen Gedankenwelt,* 1984).

Mayr, E. «How to carry out the adaptationist program?» *The American Naturalist* 121 (1983): 324-33.

Mayr, E. «Darwin's five theories of evolution». In Kohn (1985): 755-72.

Mayr, E. *What evolution is.* New York: Basic Books, 2001 (deutsche Ausg.: *Das ist Evolution,* 2003).

McBrearty, S., & N. G. Jablonski. «First fossil chimpanzee», *Nature* 437 (2005): 105-108.

McClintock, B. «The significance of responses of the genome to challenge», *Science* 226 (1984): 792-801.

McFadden, G. I. «Primary and secondary endosymbiosis and the origin of plastids», *Journal of Phycology* 37 (2001): 951-59.

Menninghaus, W. *Das Versprechen der Schönheit.* Frankfurt a. M.: Suhrkamp, 2003.

Mereschkowsky, C. «Über Natur und Ursprung der Chromatophoren im Pflanzenreiche», *Biologisches Centralblatt* 25 (1905): 593-604.

Metzinger, T. *Der Ego-Tunnel: Vom Mythos des Selbst zur Ethik des Bewusstseins.* Berlin: Berlin-Verlag, 2009.

Meyer, A. *Evolution ist überall.* Wien: Böhlau, 2008.

Milinski, M., & B. Rockenbach. «Human behaviour: punisher pays», *Nature* 452 (2008): 297-298.

Monod, J. *Le hasard et la nécessité. Essai sur la philosophie naturelle de la biologie moderne.* Paris: Le Seuil, 1970 (deutsche Ausg.: *Zufall und Notwendigkeit,* 1971).

Morris, D. *The naked woman: a study of the female body.* London: Vintage, 2005.

Müller, H. «Die Insekten als unbewußte Blumenzüchter», *Kosmos* 3 (1878): 314-337, 403-426, 476-499.

Nachtigall, W. *Bionik: Grundlagen und Beispiele für Ingenieure und Naturwissenschaftler*. 2. Aufl. Berlin: Springer, 2002.

Nägeli, C. v. *Mechanisch-physiologische Theorie der Abstammungslehre*. München/Leipzig: Oldenbourg, 1884.

NAS [National Academy of Sciences]. *Science, evolution, and creationism*. Washington, D. C.: The National Academies Press, 2008.

Nature. «Spread the word: evolution is a scientific fact, and every organization whose research depends on it should explain why», *Nature* 451 (2008): 108.

Niemitz, C. *Das Geheimnis des aufrechten Gangs. Unsere Evolution verlief anders*. München: C.H.Beck, 2004.

Nørretranders, T. *Det generøse menneske. En naturhistorie om at umage giver mage*. People's Press, 2002 (deutsche Ausg.: *Über die Entstehung von Sex durch generöses Verhalten*, 2006).

Nüsslein-Volhard, C. *Das Werden des Lebens. Wie Gene die Entwicklung steuern*. München: C.H.Beck, 2004.

Ochman, H., et al. «Lateral gene transfer and the nature of bacterial innovation», *Nature* 405 (2000): 299–304.

Pagel, M., ed. *Encyclopedia of evolution*. Oxford: Oxford UP, 2002.

Payne, J. L., et al. «Two-phase increase in the maximum size of life on Earth over 3.5 billion years reflects biological innovation and environmental opportunity», *PNAS* 106 (2009): 24–27.

Plavcan, J. M., & C. P. van Schaik. «Intrasexual competition and body weight dimorphism in anthropoid primates», *Am. J. Phys. Anthropol.* 103 (1997): 37–68.

Poole, A., & D. Penny. «Eukaryote evolution: engulfed by speculation», *Nature* 447 (2007): 913.

Raup, D. M., & J. J. Sepkoski, Jr. «Mass extinctions in the marine fossil record», *Science* 215 (1982): 1501–03.

Reichholf, J. H. *Was stimmt? Evolution: die wichtigsten Antworten*. Freiburg, Br.: Herder, 2007.

Rensch, B. *Das universale Weltbild: Evolution und Naturphilosophie*. Frankfurt a. M.: S. Fischer, 1977.

Ridley, M. *Evolution*. 2d ed. Oxford: Oxford UP, 2004.

Roger, J. *Buffon: un philosophe au Jardin du Roi*. Paris: Fayard, 1989.

Rose, M. R., & G. V. Lauder, eds. *Adaptation*. San Diego, Calif.: Academic Press, 1996.

Rosenberg, K., & W. Trevathan. «Birth, obstetrics and human evolution», *BJOG* 109 (2002): 1199–1206.

Ruse, M. *Monad to Man: the concept of progress in evolutionary biology*. Cambridge, MA: Harvard UP, 1996.

Schindewolf, O. H. *Paläontologie, Entwicklungslehre und Genetik. Kritik und Synthese*. Berlin: Bornträger, 1936.

Schmidt-Salomon, M. *Jenseits von Gut und Böse: warum wir ohne Moral die besseren Menschen sind*. München, Zürich: Pendo, 2009.

Schopenhauer, A. *Die Welt als Wille und Vorstellung II*. 3. verb. Aufl. [1859]. Hrsg. L. Lütkehaus. Frankfurt a. M.: Haffmans bei Zweitausendeins, 2010.

Schopf, J. W. «Solution to Darwin's dilemma: discovery of the missing Precambrian record of life», *PNAS* 97 (2000): 6947–53.

Schrenk, F. *Die Frühzeit des Menschen: der Weg zum Homo sapiens.* 4. Aufl. München: C.H.Beck, 2003.

Science. «The evolution of sex», *Science* 281 (1998).

Science. «Human evolution: migrations», *Science* 291 (2001).

Shubin, N. *Your inner fish: a journey into the 3.5-billion-year history of the human body.* New York: Pantheon Books, 2008 (deutsche Ausg.: *Der Fisch in uns,* 2008).

Simpson, G. G. «Biology and the nature of science», *Science* 139 (1963): 81–88.

Singer, W. *Der Beobachter im Gehirn: Essays zur Hirnforschung.* Frankfurt a. M.: Suhrkamp, 2002.

Sommer, V. *Wider die Natur? Homosexualität und Evolution.* München: C.H.Beck, 1990.

Sommer, V. *Darwinisch denken: Horizonte der Evolutionsbiologie.* 2. Aufl. Stuttgart: Hirzel, 2008.

Spencer, H. *The principles of biology.* Vol. 1. London: Williams and Norgate, 1864.

Stanford, C. B. «The ape's gift: meat-eating, meat-sharing, and human evolution». In de Waal (2001): 95–117.

Storch, V., U. Welsch & M. Wink. *Evolutionsbiologie.* 2. Aufl. Berlin: Springer, 2007.

Thewissen, J. G. M., et al. «Whales originated from aquatic artiodactyls in the Eocene epoch of India», *Nature* 450 (2007): 1190–94.

Thoms, S. P. *Ursprung des Lebens.* Frankfurt a. M.: S. Fischer, 2005.

Thorpe, R. S., et al. «Genetic tests for ecological and allopatric speciation in anoles on an island archipelago», *PLoS Genetics* 6 (4) (2010): e1000929.

Tomasello, M. *The cultural origins of human cognition.* Cambridge, MA: Harvard UP, 1999 (deutsche Ausg.: *Die kulturelle Entwicklung des menschlichen Denkens,* 2002).

Tort, P., ed. *Dictionnaire du Darwinisme et de l'évolution.* Paris: Presses Universitaires de France, 1996.

Trivers, R. L. «The evolution of reciprocal altruism», *The Quarterly Review of Biology* 46 (1971): 35–57.

Trivers, R. L. «Parental investment and sexual selection». In B. Campbell, ed. *Sexual Selection and the Descent of Man 1871–1971.* Chicago: Aldine Publishing Co., 1972, pp. 136–79.

Trotzki, L. «Die Kunst der Revolution und die sozialistische Kunst [1924]». In *Literatur und Revolution.* Essen: Arbeiterpresse, 1994, S. 226–52.

Vaas, R., & M. Blume. *Götter, Gene und Gehirne.* Stuttgart: Hirzel, 2009.

van de Peer, Y., et al. «The evolutionary significance of ancient genome duplications.» *Nature Reviews Genetics* 10 (2009): 725–32.

van Schaik, C. P., et al. «Orangutan cultures and the evolution of material culture», *Science* 299 (2003): 102–05.

Verheyen, E., et al. «Origin of the superflock of cichlid fishes from Lake Victoria, East Africa», *Science* 300 (2003): 325–29.

Voland, E. *Die Natur des Menschen: Grundkurs Soziobiologie*. München: C.H.Beck, 2007.

Vollmer, G. *Was können wir wissen?* 2 Bde. Stuttgart: Hirzel, 1986.

Vollmer, G. «Wie wissenschaftlich ist der Evolutionsgedanke?» In Graf (2010): 45–64.

Voltaire. *Candide oder der Optimismus* [*Candide, ou l'optimisme*, 1759]. Zürich: Diogenes, 1991.

Wallace, A. R. *Darwinism: an exposition of the theory of natural selection with some of its applications*. New York: Macmillan, 1889.

Wang, X., et al. «Conception, early pregnancy loss, and time to clinical pregnancy: a population-based prospective study», *Fertility and Sterility* 79 (2003): 577–84.

Wegener, A. *Die Entstehung der Kontinente und Ozeane*. Braunschweig: Vieweg, 1915.

Weismann, A. *Ueber die Dauer des Lebens*. Jena: G. Fischer, 1882.

Weismann, A. *Die Continuität des Keimplasma's als Grundlage einer Theorie der Vererbung*. Jena: G. Fischer, 1885.

Weismann, A. *Die Bedeutung der sexuellen Fortpflanzung für die Selektions-Theorie*. Jena: G. Fischer, 1886.

Weß, L., Hrsg. *Die Träume der Genetik. Gentechnische Utopien von sozialem Fortschritt*. Nördlingen: Delphi, 1989.

Whitcomb, J. C., & H. M. Morris. *The genesis flood: The biblical record and its scientific implications*. Philadelphia, Pa.: Presbyterian and Reformed Publ. Co., 1961.

Whiten, A., et al. «Cultures in chimpanzees», *Nature* 399 (1999): 682–85.

Wigand, A. *Der Darwinismus und die Naturforschung Newtons und Cuviers*. 3 Bde. Braunschweig: Vieweg, 1874–77.

Wilkins, A. S., & R. Holliday. «The evolution of meiosis from mitosis», *Genetics* 181 (2009): 3–12.

Williams, G. C. «Pleiotropy, natural selection, and the evolution of senescence», *Evolution* 11 (1957): 398–411.

Williams, G. C. *Adaptation and natural selection*. Princeton: Princeton UP, 1966.

Williams, G. C. *Sex and evolution*. Princeton: Princeton UP, 1975.

Wilson, E. O. *On human nature*. Cambridge, MA: Harvard UP, 1978 (deutsche Ausg.: *Biologie als Schicksal*, 1980).

Wilson, E. O. *Sociobiology*. Abridged ed. Cambridge, MA: Belknap Press, 1980.

Woese, C. R. «On the evolution of cells», *PNAS* 99 (2002): 8742–47.

Wood, B., & M. Collard. «The human genus», *Science* 284 (1999): 65–71.

Wood, B., & B. G. Richmond. «Human evolution: taxonomy and paleobiology», *Journal of Anatomy* 197 (2000): 19–60.

Wrangham, R. *Catching fire: how cooking made us human*. New York: Basic Books, 2009 (deutsche Ausg.: *Feuer fangen: wie uns das Kochen zum Menschen machte*, 2009).

Wuketits, F. M. *Wie viel Moral verträgt der Mensch? Eine Provokation*. Gütersloh: Gütersloher Verl.-Haus, 2010.

Wuketits, F. M. *Wie der Mensch wurde, was er isst: die Evolution menschlicher Ernäh-rung*. Stuttgart: Hirzel, 2011.

Yunis, J. J., & O. Prakash. «The origin of man: a chromosomal pictorial leg-acy», *Science* 215 (1982): 1525–30.

Zahavi, A. «Mate selection – a selection for a handicap», *Journal of Theoretical Biology* 53 (1975): 205–14.

Zhang, F., et al. «A bizarre Jurassic maniraptoran from China with elongate ribbon-like feathers», *Nature* 455 (2008): 1105–08.

Zimmer, C. *Parasite rex: inside the bizarre world of nature's most dangerous crea-tures*. New York: Free Press, 2000 (deutsche Ausg.: *Parasitus Rex: in der bizar-ren Welt der gefährlichsten Geschöpfe der Natur*, 2001).

Zimmermann, W. *Evolution. Die Geschichte ihrer Probleme und Erkenntnisse*. Frei-burg/München: Alber, 1953.

Zrzavý, J., D. Storch & S. Mihulka. *Evolution: Ein Lese-Lehrbuch*. Heidelberg: Spektrum, 2009.

Bildnachweis

Seite 16: Rupak De Chowdhuri/Reuters

Seite 28: giordano-bruno-stiftung

Seite 40: Christine Hemm-Herkner, Forschungsinstitut und Naturkunde-museum Senckenberg, Frankfurt am Main

Seite 56: aus: François Le Vaillant: Histoire naturelle des oiseaux de paradis et des rolliers, des Promerops et des Guêpiers suivie de celle des Toucans et des Barbus. 3 Vol. Paris: 1803–1818. Vol 1, 1806, Hessische Landesbibliothek Wiesbaden, Foto: Marko Knepper

Seite 72: Christine Hemm-Herkner, Forschungsinstitut und Naturkunde-museum Senckenberg, Frankfurt am Main

Seite 91: «An ancestor: the man of twenty thousand years ago», aus: Illustrated London News (27 February 1909): 312–13.

Seite 108: Museum für Moderne Kunst, Frankfurt am Main, ehemalige Sammlung Karl Ströher, Darmstadt, Foto: Axel Schneider, Frankfurt am Main; © VG Bild-Kunst, Bonn 2011

Seite 124: «A contemporary silhouette of C. Darwin.» Possibly by Albert Bryan. Obtained by E. Kersley among a collection of the period. Reproduced by kind permission of the Syndics of Cambridge University Library, GL Keynes Dec. 1937, Manuscripts Room (DAR 225.180).

Seite 141: Friederike Kruft, Lohmar